Memory Improvement

提高记忆的100种方法

超有效的记忆增强术

【畅销2版】

王小军◎著

中国法制出版社
CHINA LEGAL PUBLISHING HOUSE

前言 PREFACE

什么是记忆

在电影《被偷走的那五年》中，白百何扮演的女主角何蔓因为遭遇车祸而丢失了五年的记忆，醒来之后她发现曾经相爱相依的丈夫已经和自己离婚，并且有了新的交往对象，最要好的闺密也和自己反目成仇，对自己冷嘲热讽，公司的同事们更是对她又敬又怕，恨不得和她隔离开。何蔓开始了寻找丢失记忆的旅程，也逐渐捡起了曾经无意中丢失的友情和爱情。

类似的失去记忆的影视作品还有之前风靡两岸的爱情偶像剧《王子变青蛙》。霸道总裁单钧昊遭遇绑架和车祸之后丢失了记忆，被爱钱如命的平民女孩叶天瑜捡回了家。单钧昊失去了记忆，不但不记得自己的未婚妻，甚至连自己是谁都忘得一干二净，但单钧昊过人的经营和管理才华并没有伴随着记忆一同消失。在和叶天瑜的相处中，他慢慢爱上了这个聪明伶俐、大大咧咧的女孩，但预谋已久的第二场车祸降临，脑部遭受撞击的单钧昊想起了之前的事情，却唯独忘记了失忆时和叶天瑜相处的点点滴滴。单钧昊虽然不记得叶天瑜，却意外地因为叶天瑜的存在而感到安心，经过几番波折，他终于想起了命定的爱人，和叶天瑜幸福地生活在了一起。

随着近些年来网络文学的不断发展，失忆已经成为很多网络小说、电视和电影作品中频繁使用的桥段。那么，什么是记忆呢？记忆是看不见、摸不着的，为什么会丢失呢？

记忆属于脑科学的范畴，它是人脑对经历过的事情进行识记、保持、再现或再认的过程。生活中，我们每时每刻都在和外界进行接触，风中传来的花香、街道上车辆鸣笛的声音、眼前的一座座高楼大厦、吃到嘴巴里的食物、手中触摸到的手机、身边熟悉的伙伴、曾经思考过的问题、和恋爱对象之间的争吵与甜蜜以及被他人欺负时的委屈等情感体验，都会在发生的那一刻在我们的脑海中留下或深或浅的痕迹，在某些特定的情境中，这些痕迹会在脑海中隐隐约约地或清清楚楚地呈现出来，这就是记忆。

记忆与大脑的海马结构有着密不可分的关系。当人们的大脑受到撞击，导致脑神经受损的时候，就容易出现失忆的情况，遗忘自己曾经经历过的事情、自己的身份以及所处的环境，甚至破坏正常的认知功能，对生活造成巨大的困扰。

记忆同时也属于心理学的范畴，它是人们进行思维、想象、逻辑推理等高级心理活动的基础，是人类心智活动的一种，与人类的其他心理活动有着密切的联系。记忆能够让人们维持正常的学习、工作、社交、生活等基本机能。

人类的大脑如同一个巨大的信息仓库，每分每秒，我们的视觉器官、听觉器官、触觉器官、味觉器官以及其他器官都在不停地接收信息，这些信息都会被传送到大脑之中，被大脑存储下来。

当我们第一次做某件事情的时候，常常会感到无从下手，但如果一件事情我们已经做过很多次，便不会像第一次那样窘迫，而会得心应手、轻车熟路。当我们面临着曾经解决过而现在亟待解决的问题时，我们的大脑会在第一时间搜索之前的经验，从而快速制定出相应的解决方案。

即便看电视剧也是如此，也许我们第一次看到爱情剧中出现失忆、绝症、亲兄妹、穿越时空这样的桥段时，会因为觉得新奇而被吸引，甚至被剧情感动得一塌糊涂。但如果这些桥段被多个影视作品频繁地使用，我们看到开头就能够猜得出剧情的发展，曾经新奇的桥段也会变成雷点。

记忆在我们的日常生活中可谓无处不在，它所起到的作用也非常大，细微之处如挑菜买菜、讨价还价，重大之处如做一个投资与否的商业决定，设计一个工作方案、交一个朋友，等等，这些正常的活动中都有记忆的身影。

良好的记忆力能够让我们的生活环境更加舒适，让我们的工作、学习、生活更加有效率，在遇到问题的时候，记忆也能帮助我们更高效地解决问题，度过生活、工作、社交等多方面的危机。

目录
CONTENTS

Chapter 1

开启记忆的法门

自信是增强记忆力的法宝

说起记忆力，想必很多人有一大堆意见要发表，什么“小学时候的背诵全文简直是童年噩梦”“有的人脑子比较灵活，记东西特别快，换我就不行”“有的事情想忘却忘不掉，有的事情想记却记不住”，等等。对自己的记忆力，也许每个人都有要抱怨的地方，我们的生活的确离不开记忆力。早上出门的时候我们要记得锁门；购物的时候要记得带钱和环保购物袋；天气变化的时候要记得增减衣物；工作的时候要记得每天要完成的事；吃饭的时候要记得告诉饭馆里的厨师自己的口味偏好；下班后要记得自己瑜伽课的上课时间；周末的时候要记得和恋人或者朋友之间的约会。

记忆在我们的生活中可以说是无处不在，记忆力不好的人也因此饱受挫折。

张蕊是一个记性不太好的姑娘，总是丢三落四的。虽然已经是成年人了，可是她一个人出门在外，父母和朋友提起她那个转头就忘的毛病，还是会担心不已。

早上起床的时候，由于闹钟没电了，一觉醒来已经临近上班时间，张蕊匆匆忙忙洗漱了一下，拿着包赶到家附近的地铁入口，正要上地铁的时候，忽然想起自己早上出门的时候太着急，好像忘记锁门了。她不得不转身赶回去检查自家的门锁。走到家门口一看，门果然没有锁，连忙锁上门，再去上班。

她踩着点进了办公室，迎头遇上经理。经理问她：“方案做好了吗？客户已经打电话催了好几遍了，你赶紧把设计方案发到对方的邮箱里啊！”张蕊摸不着头脑地问了一句：“什么方案？”经理瞪了她一眼，说：“你别告诉我你忘记了！”张蕊还真是没想起来，上次她正打算做方案的时候，经理让她去找一份资料，找完资料，她就忘记了做方案的事情，这个客户也没有联系过她。经理见她真的忘记了，斥责道：“那你还不赶紧去做，我和客户商量一下，你今天哪怕加班到天明也得给我赶出来！”张蕊忙不迭地展开了工作。

忙忙碌碌一整天，中午饭也没吃，终于把设计方案赶出来了。发给客户的时候，已经是晚上9点钟，客户的不满显而易见。张蕊想到明天还要被经理批评，顿时有些头疼，但眼前还有很多麻烦。明明昨天晚上查的天气预报说今天有雨，睡觉的时候还想着带伞，一觉醒来就全忘光了。

张蕊不得不冒雨赶回家，到家时已经淋成了落汤鸡，和爸爸妈妈通电话的时候，却不敢将疲惫和委屈泄露出一点来，直到和朋友煲电话粥时，才将自己的烦恼一股脑儿倒了出来：“我这脑子怎么一点都不管用呢？什么也记不住，不管多重要的事情都会忘记，这样能做成什么啊？”

现实生活中，很多人有着与张蕊类似的烦恼：忘记朋友托付的事情，让他人空欢喜；忘记纪念日，让恋人失望不已，甚至引发关于“你到底在不在乎我”的争吵；忘记和朋友的约会，让对方空等一场，把对方原本的好心情弄得一团糟；等等。

当然，也有记性特别好的人：古罗马的恺撒大帝能够记住每个士兵的面孔和名字；意大利指挥家托斯卡尼尼能够不用乐谱指挥整首交响乐；拿破仑能够准确地记住当时设置在法国海岸的大炮种类和位置，当部下的报告有错误时，他能够及时地纠正错误；列宁能够记住国民经济统计的繁杂资料，并对阅读过的资料了如指掌，在需要那些资料的时候，他可以指导自己的助手将某本资料准确地翻到某一页……

说到这些，可能很多记性差的人会抱怨："这些人都是天才啊，我们普通人怎么能和天才比呢？"也有很多人无数次这样抱怨过："我也不知道自己为什么那么笨，一点小事情都记不住""可能我脑子不太灵活吧，别人能记住的我都记不住。"

如果细心观察，我们不难发现，人们这些抱怨的话实质上是对自己记忆力的不自信。他们认为，别人之所以能记住，自己之所以记不住，都是因为别人天生比较聪明，脑子好使，自己则天生愚钝，连记个电话号码都要借助手机，别的事情怎么记得住呢？

其实，记忆力本没有天才和普通人的区别，《美国心理学会年度报告》中曾说："每个健康人的大脑和科学家的大脑之间并没有什么差别，其中的差异主要来源于每个人的使用方法，而这种差异可以通过一些方法消弭。"也就是说，普通人经过训练，也可以有科学家一般良好的记忆。好记性并非天生的，通过后天的努力，我们也可以变得像很多记忆力强大的名人一样。

大多数情况下，我们并不是记不住，而是不相信自己能记住，所以干脆就不用心去记忆。但记忆和工作、学习一样，那些自信的人总能比不自信的人做得更好。当我们认为自己记不住的时候，多数情况下我们会放弃记忆，即使继续坚持记忆，也往往会因为信心不足而失败。

这就仿佛验证了我们对自己"记不住"的预判，对自己的记忆力更加丧失信心，导致我们陷入失望、痛苦、无能为力的情绪之中，陷入"记性差、记不住—记忆失败—果然记性很差，记不住东西"的恶性循环中，不断地怀疑自己的实力，甚至放弃努力，承认自己就是一个失败者，失去再次尝试的勇气、信心和动力。

学生时代，很多人记单词、背课文时会有这样的体验：我们越以信心十足的姿态去进行记忆，相信自己一定能记住，我们能够背诵的课文和单词就越多；记住的越多，就记得越轻松，从而提升了对自己的记忆力的信心。而那些越觉得自己记不住的人，能记住的东西就越少，越觉得吃力。因为自信是每个人发挥出自己潜力的重要保障。孩子能够在家人鼓励的目光下得意扬扬地背出很多首唐诗，也会在老师挑剔指责的目光中唯唯诺诺，一句话都不敢说，其中的差别正是是否有自信。

不只是学生，现在的中年人和老年人也常常将“唉，我老啦，记性也不好了，不如你们这些年轻人啰”之类的话挂在嘴边，实际上并非如此。我们的大脑有着巨大的记忆潜力，能够容纳海量的信息，年龄的大小并不能当作自己记忆力差的借口，有些人之所以记不住，只是不自信、不用心的缘故罢了。

自信是记忆的关键，一个拥有自信的人总是能够发挥出自己最好的水平，甚至会超水平发挥；不自信的人则顶着内心的巨大压力，很难将自己的水平发挥出来，发挥失常也是常态。所以要想拥有良好的记忆力，就努力提高自己的自信心吧！当我们以自信的面貌去努力记忆的时候，有什么是我们记不住的呢？

劳逸结合有助于增强记忆力

李欣在一家设计公司工作，最近公司时来运转，连续接了几笔大生意，老板脸上乐开了花，可把李欣她们忙坏了。李欣负责了三四个项目的设计，不仅随时要和甲方交流意见，还要检查其他新员工的设计方案，一桩桩事务搞得她焦头烂额。但更让她头疼的是，她所负责的几个项目的甲方都急着要设计方案，除了她之外，公司又没有业务特别熟练的人。

这下可把李欣难为坏了，为了按照甲方规定的时间提交设计方案，她连下楼吃饭的时间都省了下来，不是让别人帮她带饭，就是叫外卖。即便如此，时间还是非常紧张，李欣不得不带着其他员工在办公室通宵加班。

过度劳累的副作用很快就显现出来了，李欣发现自己的记忆力明显下降了。明明刚才还在桌子上的U盘，一会儿工夫就不知道放到哪里去了，她急着把电脑里的设计文件拷贝好，拿到打印店打印出来，却怎么也找不到。甲方打电话催着要，她急得上火，连水都喝不下去，找遍了办公桌，也没有找到U盘。这时同事小赵说："要不你先用我的U盘拷贝出来打印，我们帮你找。"

李欣摇摇头说："不行，我必须得找到那个U盘，那里边还有别的文件，客户3点就过来拿，我也得给他打印出来。"小赵连忙安慰她："李姐你别着急，肯定是你随手放哪儿了，在办公室里丢不了。你想想，最后一次见那个U盘是在哪儿？然后你干了什么？把你之前做的事情再捋一遍，说不定就能找到了。"

李欣听完，皱着眉头检索起自己的记忆："我最后一次见到U盘是在我的电脑上，刚拷贝完文件，我本来打算拿着它去打印店，中间好像接了客户电话，客户临时提了几个要求，我挂上电话，再找U盘，就找不到了。不对，我接电话之前好像还做了什么，可我想不起来了。真头疼，这几天太忙了，脑子一团乱，什么事情都记不清楚。"

客户又打电话来催了，李欣好声好气地安抚了客户，挂了电话就急得直跳脚。这时，张悦从茶水间走出来说："李姐，你U盘忘在茶水间了，我给你拿过来了。"李欣看到她手里的U盘，终于松了一口气，回想刚才的事情，她不由得叹口气说道："我难道是老了吗？明明刚刚才发生的事，却怎么也想不起来，还总是丢三落四的，上次就记错了客户的要求，差点弄错设计方案。”

小赵说：“记忆力差的不只是你，我们这几天也容易忘事，有时候拿起文件却想不起来要看什么；去吃饭时两次忘记带钱包，一次忘了给钱，要不是经常在那儿吃东西，人家只怕要把我当成吃霸王餐的了。”

张悦附和道：“我也是老忘事，我觉得应该是这几天连续加班太累了，精神都集中不了，记忆力才下降的。等忙完我一定要好好睡上一觉，睡到自然醒。”李欣等人听完深以为然地点点头，她们太需要好好休息一下了。

忙完手里的项目，公司集体放了几天假，李欣她们休息足了之后再上班，果然再也没有出现过丢三落四和记忆错乱的现象。

休息是为了更好地工作。无论在学习方面还是在工作方面，我们都常常提到“劳逸结合”这个词，劳逸结合要求我们根据自己的时间，合理有效地安排自己的生活，使学习、工作和休息达到一种平衡、稳定的状态。劳逸结合不仅能够避免过度疲劳造成的厌倦感，还能最大限度地保证我们对工作、学习的热情和兴趣，提高效率，让我们工作和学习起来事半功倍。此外，劳逸结合的安排还让我们懂得如何科学合理地分配自己的时间。

从学生时代走过来的人，也许很少会思考这样一个问题：“为什么学校会安排固定的作息时间？为什么每上课 40 分钟，就要进行 10 分钟的课间休息？而且奇怪的是，每个学校的课程安排都是如此，难道其中包含什么科学道理吗？”

答案是肯定的，人的注意力是有一定指向性和集中性的，过度疲劳时，会影响到注意力的集中和大脑的其他功能。

而且，人在长时间劳作后，也会对当前所做的事情产生厌恶感，如果被强迫一直做某件事，我们就会产生逆反和厌恶的心理。带着沉重的心理负担去做自己不喜欢做的事情，效率如何能够提高呢？

让学习了一段时间的学生暂停脑力劳动，通过小憩、闲聊、打闹、吃东西、喝水等方式来缓解精神高度集中带来的疲劳感，进行生理、心理等方面的调整，这样学生在学习下一堂课内容的时候就会有充足的精力，能够集中注意力学习和记忆新的知识点。如果没有得到充分的休息，学生的注意力会容易分散，进而造成学习效率降低、记忆力下降等问题，影响正常的学习和生活。

成年人也是如此，很多人就是因为不懂得劳逸结合的道理，更不懂得合理分配工作和休息的时间，把该休息的时间都拿来工作，影响了身体、心理等方面的健康，导致出现记忆力下降、睡眠不足、容易感到疲劳等问题。

人不像机器可以不吃不喝、不眠不休，每个人的精力是有限的，集中注意力去做一件事更是非常耗费精力。科学研究发现：一个1岁的孩子注意力集中的时长是15秒，一个5岁的孩子注意力能集中15分钟。成人由于兴趣、爱好以及关注点等方面的不同，集中注意力的时长也有所不同。对大多数没有经过集中注意力训练的人来说，一般40分钟就已经是极限。过了这段时间之后，人的精力、注意力和记忆力都有所下降，身体会产生疲劳感，紧绷的脑神经和精神也需要适当地缓解，所以这个时候的休息是非常必要的。

这和跑步是一个道理，最初跑步的时候，我们的速度比较快，但当我们跑了一段时间之后，我们的速度会相应降低。随着跑步时长的增加，我们的速度会越来越慢，因为这时我们的体力有了较大的消耗，身体需要休息、补充水分，等到体力恢复，疲劳得到缓解后，我们跑步的速度也会再次提升。

然而，相比身体的其他器官，人类的大脑则是最容易感到疲劳的器官，每次脑力活动时间过长的时候，我们就容易陷入疲劳的状态，随后就会产生头昏脑涨、记忆力衰退、注意力分散等一系列疲劳症状。如果这种状态持续下去，很容易导致我们产生神经衰弱、失眠、焦虑等心理问题，影响我们正常的工作和生活。

兴趣是最好的老师

周末下午，聪聪妈妈带着聪聪在商场逛街，出商场的时候，恰好看到对面不远处新开了一家游乐园，穿着卡通人物衣服的工作人员在门口热情地招揽小朋友。聪聪连忙拉着妈妈往游乐园里跑，妈妈手里提着一大堆东西，都是刚从超市里买回来的生活必需品，还有给聪聪买的衣服、文具等，实在不适合带聪聪去玩，而且聪聪的学习成绩最近明显下降了很多。聪聪妈妈想了想，蹲下来拉着聪聪说："今天我们拿的东西太多了，天也有点晚了，不能去游乐园了。这样吧，等你下次考试的时候成绩比这一次有进步了，妈妈就带你去游乐园玩，好不好？"

聪聪虽然很想去玩，但还是听了妈妈的话，跟着妈妈一步一回头地离开了商场，其间还不忘记帮妈妈分担手里的购物袋。本来聪聪妈妈认为小孩子忘性很大，随口一提的事情未必能记住，可没想到几个月之后，聪聪竟然从书包里翻出自己的奖状，对妈妈说："我的成绩比上次有进步了，妈妈你应该兑现你的承诺，带我去游乐园玩了。"聪聪妈妈非常惊奇地说："那不是几个月之前的事情吗？你怎么记得这么清楚？"聪聪自豪地说："当然了，我想去玩啊！现在你可以带我去了吧？"聪聪妈妈看到聪聪的成绩单和奖状，脸上乐开了花，说："妈妈说话算话，这就带你去玩，可你也得答应妈妈，考完试也不能懈怠，不能为了得到妈妈的奖赏才学习。"聪聪听完乖乖地点点头，跑回房间收拾去游乐场要带的东西。

聪聪妈妈看着儿子乐呵呵跑走的身影，一脸惊诧地转过头去问聪聪爸爸：“他要是不提我都给忘了，现在的小孩子记忆力这么好吗？”

聪聪爸爸笑着说：“他并没有那么好的记忆力，不信你待会儿问问他记不记得上周日早餐吃的什么，他肯定不记得了。”

随后聪聪妈妈问了聪聪，聪聪果然不记得了，聪聪妈妈觉得非常奇怪。她疑惑地问道：“我们吃的早餐不一直都是豆浆和包子、粥和煎蛋饼以及牛奶和面包这三种吗？儿子，你能记住几个月之前的事情，怎么不记得三天前吃的什么呢？”

聪聪爸爸说：“这个年纪的小孩子特别爱玩，他一直想去游乐园玩，始终惦记着这件事，怎么可能忘记？早餐这种事情，吃的时候着急上学，哪有时间去记？更何况这些小事他都不在乎，不放在心上，所以才会记不住。”

著名的科学家爱因斯坦说过：“兴趣是最好的老师。”当对某些事物产生兴趣的时候，我们就会不由自主地把这些事物放在心上，时时刻刻惦记着，一旦有机会，就毫不犹豫地去了解、探索、实践，并且在了解、探索、实践的过程中获取愉悦的情绪体验。

所以当别人问我们，是否记得之前吃过的最好吃的东西、看过的最有趣的视频、听过的最动听的音乐的时候，我们能够毫不费力地给出肯定的答案；而当我们被问到生活中的很多小事，如昨天早上搭乘的公交车司机的性别、公交车体的颜色、用的洗衣液牌子等问题的时候，我们却要在记忆里搜寻很久，才能给出一个不那么笃定的答案。这就是因为我们没有关注这些琐事的兴趣，所以根本没有用心去记忆。

瑞士著名心理学家皮亚杰认为，人类所有与智力有关的工作都要依赖于兴趣。兴趣不仅是智力活动的巨大动力，也是心理能量的调节者，更是记忆活动中一个非常重要的因素。正是兴趣催发了我们内心探索事物的渴望。科学研究证明，当一个人对某件事情感兴趣的时候，他的记忆力和积极性就会快速提高，在做这件事情的时候，能够将自身的潜能发挥出 80% ~ 90%；但如果让他做自己不感兴趣的事情，他的积极性会明显降低，记忆力衰退，潜能也只能够发挥出 20% ~ 30%。

心理学家曾经做过这样一个实验，找到 10 个志愿者，要求志愿者们讲述在自己身上发生的或是见到的、听到过的 100 件事。实验的结果是，这些志愿者们讲述的愉快的事情所占的比例为 55%，不愉快的事情则占 33%，剩余的 12% 是较为平凡的、没有什么趣味的事。其实，换成我们自己回忆的话也会发现，所有发生过的事情中，能够让我们记住的多是让我们感兴趣、快乐的事情，其次是曾经让我们不开心的、愤怒的、委屈的事，那些普通的琐事则会随着时间的流逝，逐渐被我们遗忘。

其中的功劳可以归结于兴趣，从事教育行业的人在这一点上可能有着更深的体会。当一个学生对学习某种知识产生了浓厚的兴趣和求知欲的时候，他会主动地接触和探索这方面的知识，用愉悦的心态去学习这种知识。这样在学习的过程中，他就会把全部的精神和注意力都集中起来，各个感官和思维的活动也会有所增强，形成大脑的兴奋中心，其间能够不断将各种知识和信息传递给大脑的中枢神经系统，从而在记忆里写下浓墨重彩的一笔。

所以当我们想要强化记忆、提高记忆力的时候，不妨先把兴趣培养起来，做感兴趣的事时，我们的注意力会高度集中，脑神经处于一种积极的工作状态，想象力和求知欲也被充分激发，内在的潜力会被挖掘出来，做事情时也有了无穷的动力。这时候记忆知识对我们的大脑来说就不再是一种负担，而变成一件非常容易的事情了。

借助兴趣的力量去提高自己的记忆力，把不感兴趣的事情变得充满趣味性，并从探索的过程中获取知识和乐趣，我们的记忆就会更加牢固。

集中注意力才能记得更牢固

欣欣第一天去学校上学，全家人都有点不放心，晚上，欣欣的爸爸问起了欣欣的功课，结果欣欣很快就把在学校里学的唐诗、英文字母歌和九九乘法口诀背诵了出来。爸爸听完之后惊奇得不得了，抱着欣欣称赞道："我们欣欣真聪明，竟然能记住这么多知识。"

欣欣的妈妈说："那当然了，咱们女儿又不傻，我接她的时候还听老师夸奖她，说欣欣上课的时候可认真了，也不开小差，注意力特别集中，学东西非常快，在班级里就数她记忆力好，背书背得快呢！老师说了，现在教的东西不难，只要集中注意力认真学，都能学会、记好。"

欣欣的同桌乐乐就不一样了，乐乐是活泼好动的性子，在椅子上坐一小会儿就坐不住了，眼睛也四处乱瞟，总是分神做其他事。不是揪揪前桌小姑娘的辫子，就是抢走其他同学的铅笔和橡皮。老师教的东西他都没工夫听，每次提问他都答不上来，总要欣欣偷偷提示他。

回到家里，父母问他在学校学了什么知识，他也说不出个所以然，明明白天才在书本上看过的内容，转眼就忘个一干二净。老师上课的时候总要时不时地点他的名字，他才肯安分下来，集中注意力听一会儿课。

时间一长，欣欣和乐乐之间的差距就很明显了。欣欣在学校里过得非常充实，玩也玩了，该学的知识也没有落下，被老师奖励了一朵大红花，而乐乐却只能看着不及格的卷子怏怏不乐。

无论在学习上，还是在工作上，集中注意力所起到的重要作用都是我们无法忽视的。教育学家曾经做过这样一个实验：他们找来20名小学生，在没有人监督的情况下背诵同一首古诗，半个小时之后来验收背诵成果。有的学生非常自律，从实验组织人员走出教室的那一刻起，就开始集中注意力背诵起来，直到背得滚瓜烂熟才和周围的同学进行交流。而有的学生却没有这么强的意志力，才背诵不到五分钟，就开始抓耳挠腮，碰碰这个，摸摸那个，有一搭没一搭地背着书，心思早已经飘到了窗外，怎么也集中不了注意力，时间快到了的时候才赶紧读上两遍。

实验组织人员来验收成果的时候，发现那些注意力集中的学生记忆效果更为牢固，能够流畅地将整首诗背诵出来，而那些东张西望分神的学生背诵起诗文来非常生硬，甚至不能够背完。由此可见，人的记忆牢固与否和注意力是否集中有着密切的关系。

国外的科学家为了探究记忆与注意力的关系，做过大量的观察和实验，实验结果显示：人们在接触某些特定的事物、某个特殊的事件或者某个特别的人时，即便没有集中注意力和全神贯注地观察，也会在大脑中形成记忆。但是生活中更多的是平淡无奇的事情，让我们形成记忆会有一定的难度。如此一来，人们想要记住某件不是特别感兴趣的事情时，就需要倾注更多、更持久的注意力，这样才能够形成记忆。也就是说，集中注意力对人们的记忆有着重要的支持和促进作用。

生活中，如果我们仔细观察自己的工作状态，就不难发现，当我们集中注意力全神贯注地去做某件事情的时候，常常会感受不到时间的流逝，做事情的效率也非常高，记忆力也有相应的提高，但如果我们不能集中注意力的话，后果就很严重了。

我们的注意力会被五花八门的网页消息吸引，从娱乐八卦到政策动向，或是一段有趣的视频、一首新歌、购物网站，等等，都会让我们分神，我们甚至会因为这些无关紧要的事情而把重要的事情抛到脑后。久而久之，还会形成拖延症，影响我们正常的工作、学习以及休息，进而导致睡眠不足、情绪低落、记忆力衰退等问题。

当我们想要提高自己的记忆力时，不妨抛开心中的杂念，把注意力集中到当前需要完成的任务上。这样所有的困难和诱惑在坚定的意志面前都会变得不堪一击，我们的记忆力也会随之提升。

大声朗读可以促进记忆

张悦是一名中学生，最近她感到非常苦恼，因为她偏科太严重了。她的理科成绩在班里遥遥领先，可是文科成绩却吊车尾，平均分加在一起，在班里只能排在中游。理科对她来说非常简单，只要用心学习公式、举一反三、灵活思考就可以了，文科如语文、英语等科目却需要她背诵和记忆，她最不擅长的就是背诵了。

别人轻轻松松能记住的英语单词，她背诵很多遍还是会遗忘，语法什么的抄到笔记上也不能让她记得更牢固一点。语文课文更是一大难题，唐诗宋词那些短篇文章还好，要是遇到古文节选背诵或者全文背诵，她就完全崩溃了，因为她怎么也记不住那些拗口艰涩的字句。

成绩出来之后，班主任专门找她进行了谈话，提出要把她和文科成绩较好的孙泽调成同桌，相互帮助、相互弥补，希望他们的成绩都能够有所提升，张悦听完点了点头。孙泽文科的成绩在班里数一数二，数学和物理、化学等就不太理想了。两个人一起学习刚好可以互相帮助。

到了早读的时候，孙泽见张悦背诵课文的时候几乎不发出声音，不由得笑着问她："你背书、背单词的时候为什么不大点声呢？跟蚊子'嗡嗡'似的，是怕吵醒谁睡觉吗？"

张悦被他说得脸红，忍不住反驳道："我声音小，可是我也努力背了呀！又不是都要背出声才算背书。"孙泽说："你这么背书怎么能记得牢固呢？你学我，大点声背。这样记得更快，你试试。"

张悦听了他的提议，清了清嗓子，试着大声背书，刚背了两句，孙泽就打断她说："不能这样背，你看你跟念经似的，我都要被你念睡着了，这怎么行呢？你要带着感情去朗读、背诵。"

张悦将信将疑地尝试有感情地朗读课文，刚开始，她觉得孙泽的方法并没有什么用，在孙泽的再三劝说下才坚持了一个早上。结果后来翻开书本再看自己朗读、背诵过的内容时，早上朗读的情形竟然历历在目，而且比平时多记住了一段古文，单词也多记了十几个。

她惊讶地追问孙泽这是什么缘故，孙泽说这就叫朗读记忆法，你朗读的声音洪亮，记得就更快、更清楚。

朗读记忆法，指的是将需要背诵、记忆的知识有感情地朗读出来，这样当我们回忆这段记忆内容的时候，脑海中就会不由自主地浮现出当时朗诵的情形。

在学校接受教育的时候，我们曾经不止一次地听到老师强调早读的问题："早读的时候，你们一定要站起来，精神一点，中气十足地背，别有气无力的，你背书的声音大，记得就比别人快！"很多学生认为这是老师担心他们分神、打瞌睡、不用心背书才找的借口，实则不然，大声朗读需要记忆的东西，的确对我们提高记忆力有着很大的帮助。

加拿大蒙特利尔大学的研究团队曾经做过这样的实验。

他们找来44个大学生，分为四组，让他们阅读屏幕上的文字。屏幕上的文字虽然相同，阅读的方式却不同：

第一组被要求默读，即在脑海中阅读，不能发出声音，也不能表现在唇齿上；第二组被要求默读，但可以表现为唇语；第三组被要求读出声来；第四组则是大声朗读，至少要让身旁的人听到。如此经过一段时间之后发现，第一组的记忆效果最差，第四组的记忆效果最好，而第三组的记忆效果次之，这是多器官同时参与记忆的结果。

在谈到记忆的时候，我们常常会忽略听觉器官所起的作用，其实听觉也是记忆的重要通道。在朗读的时候，声音的振动能够转化为大脑运动，并在大脑的深层产生共鸣，进而在大脑深处引起变化，打开最深层的间脑记忆回路。科学研究证明，声音疗法对我们改善听力、治疗自闭症以及提高记忆力有着显著的作用。

我们在朗读的时候，不仅视觉器官在起着作用，听觉器官等多个感官也被调动起来。大脑的大部分神经细胞被调动了起来，充分参与到记忆活动中，对强化记忆力有着显著的作用。此外，听到自己所读的内容也能够增强我们的记忆力。

如果留心观察的话，这样的例子在生活中随处可见。街上的洒水车经过，只要放一个前奏，我们就知道它播放的是《祝你平安》还是《致爱丽丝》，因为我们已经听了太多遍，耳朵都快磨出茧子了，又怎么会记不住呢？

其他事情也是如此，如果某件事情或者某句话在我们的耳边不断重复，我们会不由自主地记住它。因为我们的大脑在接收声音刺激的时候，声音会转化为信息，通过听觉区到达大脑的深层部分，进入大脑的深层意识，形成记忆。

朗读记忆法的好处不仅表现在记忆力的提高上，在我们阅读文字的同时，还能保证精神的饱满、注意力的集中，可以增强我们的阅读能力，帮助我们更好地记忆。

死记硬背和勤学巧记

小棠刚上幼儿园，在幼儿园里待了没多久，就学到不少内容。回家之后，他迫不及待地向爸爸妈妈炫耀，背着手奶声奶气地把新学的几首唐诗都背诵了出来，爸爸听完高兴地给他鼓掌，妈妈则把新做的小饼干拿给他吃。爸爸拉着小棠问他："儿子，你背的这几首诗是什么意思啊？"小棠被爸爸问得一愣，饼干也忘了吃，喃喃地说："我不知道啊，老师上课讲的我没记住。"

小棠爸爸忍不住笑了起来，说："不知道什么意思，却会背这几首诗，你这是死记硬背啊，这样很容易忘记的。把你课本拿过来，爸爸教教你什么意思，这样你就能记得更牢固啦！"小棠乖乖地去拿书包里的课本，妈妈见状忍不住问道："孩子这么小，你教他，他能懂得是什么意思吗？"爸爸说："现在不懂的将来未必不懂，有些东西可以死记硬背，但有的时候还需要勤学巧记，不然他将来学习起来会很吃力的。"

死记硬背指的是在记忆某些内容的时候，不在理解的基础上进行记忆，而是一味死板地机械背诵。对大部分学生来说，死记硬背并不是一个陌生的词汇，很多学生平时没有认真学习课本上的知识，快考试的时候，才根据老师画出来的重点死记硬背，尽管不理解所背诵内容的含义，但只要记在脑子里，考试的时候能够写在卷子上就过关了。如果考试之后让他们再次回忆自己之前临时抱佛脚所记忆的内容，就会发现跟失忆一般神奇，之前所记忆的知识点竟然全都消失无踪了，可谓典型的"考完就扔"。

与死记硬背相对的记忆方法是勤学巧记。有些人学习新的知识的时候非常聪明，懂得将要学习的内容进行理解、归纳，找出重点和关键词，将各个知识点串联在一起，利用各种记忆方法将这些内容牢牢记在脑海之中，这样能够记得很牢固。

两者一对比，很多人就认为死记硬背对于学生学习知识和提高记忆力来说并没有起到积极的作用，只会让学生把更多的精力和时间白白浪费掉，还有伤害学生创造力的可能。

其实也不尽然，有些东西我们可以勤学巧记，可是有些东西却不能用这种方法记忆，如九九乘法口诀、部分数理化公式定理等就需要我们死记硬背了。也许有人会说，现在智能科技发展得这么好，计算器、手机等这么便捷，这些公式之类的东西我们把手机拿出来搜一下就可以了啊，何必这么痛苦地死记硬背呢？且不说学生在考试时不能够使用手机，即便搜索也是一件耗时耗力的事情，而且做一些简单的加减乘除法时，用计算器未必有我们的脑子转得快。

当然，勤学巧记能够让我们更快地记住学习的内容。从学生时代走过来的人想必有着这种感悟：背诵古诗词和古文名篇的时候，先理解全文的意思，在理解的基础上进行记忆，比囫囵吞枣地背诵要快多了。这是因为我们在理解了内容的基础上背诵，古诗文中佶屈聱牙的词句相对来说就不那么陌生了，甚至在看到一些罕见的字眼时，我们能够很快想起来它的同义词，进而记得更快、更牢固。

无论在工作还是生活中，我们都有需要记忆的新内容，不妨根据记忆的内容选择适合的记忆方法，必要的时候，将死记硬背和勤学巧记两种记忆方法结合起来，这样才能够更快地达到记忆的目的。

好记性不如烂笔头

李铭和孙凯是同桌，虽然接受的教育是一样的，但两个人的学习方式却不太

相同。李铭的记性特别好，注意力集中，能够随时跟着老师讲课的节奏调整自己的状态，老师说过的内容他总能很快记住，所以李铭从来不做随堂笔记，下了课就跑去操场打篮球；但是孙凯就不一样了，孙凯记起东西来特别慢，也有点跟不上老师的进度，上课时他总是把老师说的知识点记在笔记本上。这样他在闲暇时候也能看上两眼，复习一下。每次快上课时，他就会提前坐到自己的位置上，拿出笔记本复习老师上节课讲过的内容，这样就能够跟上老师讲课的进度。

李铭刚开始还觉得孙凯记笔记太费劲，劝他上课认真听就好，不必费力气去记笔记。但是孙凯认为，两个人的天资不一样，适合的学习方式也不同，所以他并没有盲目地听从李铭的建议，反而劝说李铭也和他一起做随堂笔记。但李铭觉得记笔记太麻烦了，还耽误时间，能动脑子的事情为什么还要动笔呢？李铭也没有采纳孙凯的建议。

久而久之，李铭发现孙凯不知道在什么时候竟然跟上了老师的进度，基础知识越来越扎实，老师提问的内容多半能答上来，反观自己，随着老师讲授知识的增多和时间的流逝，之前所学习的内容慢慢忘记了。他想复习，却总是抓不住重点，觉得有些无从下手，翻开课本复习之前学习过的内容，竟然觉得有些陌生。

孙凯见状，慷慨地拿出了自己的笔记让他抄写，还对他说了那句老生常谈的话："好记性不如烂笔头。"李铭发现，自己用笔抄写过一遍后，真的在脑海里留下了印象。他想了想，认为记笔记虽然麻烦，但是忘记的时候起码可以根据笔记里归纳的知识点复习一下，考试前一定用得着，所以他果断地跟着孙凯一起记起了随堂笔记。

获得"世界记忆大师"称号的王茂华曾经把"好记性不如烂笔头"这句谚语作为自己的书名。而这句话也常常和"眼过千遍，不如手过一遍"以及"最淡的墨水胜过最强的记忆”两句放在一起，频繁地被老师们引用，用以教育自己的学生。

“好记性不如烂笔头”，指的是一个人的记忆力再强大，也不如用笔把需要记住的内容写下来效果好。意在劝诫我们不要太相信自己的记忆力，因为再好的记忆能力也有忘记的时候，所以最保险的方式还是要记在本子上。在小学阶段，很多老师会布置抄写整篇课文的作业，或要求同学们做好随堂笔记，目的就是加深我们的记忆。

我们每天所看到的、听到的内容非常多，这些内容进入我们大脑之后，会被分类到各个“记忆抽屉”之中。有时候，我们会忘记自己所需要的知识到底放在哪个“抽屉”之中了，这个时候我们就需要借助外力的辅助来帮我们回忆起被遗忘的内容，笔记恰好就起到了这样的作用。

美国心理学家巴纳特曾经做过一个实验，实验目的是研究关于做笔记与不做笔记对记忆和学习成绩的影响。他找来一群大学生，把他们分成三个小组，每个小组以不同的方式进行学习和记忆。

学习的内容是一篇介绍美国公路发展史的文章，文章的内容很短，只有1800个词汇，巴纳特以每分钟120个词的中等速度将文章读给三个小组的人听，第一个学习小组需要一边听，一边将文章的知识要点摘出来，写到笔记本上；第二个学习小组不需要动笔去写，而是听讲和看巴纳特总结出来的知识要点；第三个学习小组则是单纯地听讲，既不需要看知识点摘要，也不需要动笔写。

经过一段时间的学习之后，巴纳特对三个小组的记忆成果进行了考查，他要求三个小组的学生对之前学习的内容进行回忆，结果发现，需要自己写知识点摘要的第一小组记忆效果最好，看摘要进行学习的第二小组记忆效果次之，而既不看摘要，又不需要动手做笔记的第三小组记忆效果最差。

很多人和李铭一样，认为“我既然能记住，为什么还要浪费时间和精力去做笔记呢”？到复习的时候，拿着同学的笔记去复印一份不就好了？其实这种想法是要不得的，做笔记对记忆力的提升有非常大的促进作用。

当我们把需要记忆的内容记到本子上的时候，不仅能够同时调动我们的眼、耳、手和大脑，让我们的注意力集中起来，对学习的内容进行理解和复习，还能帮助我们深入了解需要记忆的内容，并进行提炼，以便重复记忆和重点记忆。而且在我们记笔记的同时，我们的大脑也在思考，记笔记的速度远远慢于我们读书和听讲的速度，所以这个思考的过程也会变得相对漫长。这样一来，我们就有了充分的时间去消化和记忆我们所记录的内容，当我们对记忆内容的理解逐渐加深的时候，我们的脑海中就形成了记忆。

而之后翻阅笔记不仅能够使我们重新记住被遗忘的某些知识，还可以让我们在闲暇时间复习一下笔记内容，加深记忆。所以说，有了好记性，并不代表我们拥有了不会遗忘的能力，如果想要记得更牢固，印象更深刻，还是要老老实实拿起手中的笔，认认真真地记下来。这样我们的记忆力才能够真正得以提高。

记忆的三个基本步骤

宋晨早上出门的时候路过楼下小花园，看到一个白色的身影飞快地穿过草丛，往地下停车场的方向跑了过去，看体形应该是只大型动物，估计是大型犬，身边也没有主人跟着。宋晨心里不由得感到奇怪，但由于急着上班，也就没有太在意。

进入公司后，他立即进入忙碌状态，一整天都没有心思想别的，晚上下班回家的时候，突然看到电梯里贴了一则寻狗启事，照片上是毛色雪白的萨摩耶。宋晨想了想，好像没有见过这么威风的一只狗。但回到家关窗户的时候，他鬼使神差地往楼下看了一眼小花园，恍惚间想起自己在早上的时候分明见过一只白色的大型犬，也许就是狗主人正在寻找的萨摩耶。

想到这些，他连忙拨通寻狗启事上狗主人留下的电话，把自己早上见到萨摩耶的事情告诉了对方，并提供给对方萨摩耶往地下停车场跑去的线索。狗主人根据他提供的线索，果然找到了独自跑到地下停车场避暑的萨摩耶。

记忆是我们的大脑对经历过的事物的识记、保持、再认和回忆的过程。认识一种事物，让这种事物在我们的脑海中留下深刻的印象，并转变为记忆，这个过程有可能是在我们无意识之间完成的。

如同案例中的宋晨对萨摩耶的记忆一样，我们记住某个事物可能并非刻意记忆的结果，或许只是无意间的一次识记、保持，就在我们的脑海中留下了深深浅浅的印象。

所以，很多时候我们根本就察觉不到记忆是如何形成的，仿佛某些情况下形成记忆就是一瞬间的事情。实则不然，记忆的形成也有一定的步骤，遵循这个步骤，我们才能够完成认识事物、了解事物、形成记忆的过程。

记忆的第一个步骤是识记，根据目的性，可以分为无意记忆和有意记忆两种情况。

无意记忆，顾名思义，是在没有记忆目的、没有为记忆某个事物做出主观意志上的努力，在无意识的状态下自然而然产生的记忆，如早上出门时在小区草地上觅食的一只灰喜鹊、路边播放的一段经典音乐、窗台晾衣绳上的粉色蓬蓬裙、邻家女孩经过时身上喷洒的香水味等。这些都是我们没有在主观意志上付出努力、自然形成的记忆。

这些自然形成的记忆构成了我们生活中的丰富经验，如小孩子第一次转动拨浪鼓、第一次打开电灯的开关、第一次亲吻母亲的脸庞等。这些并不都是父母教育的成果，而是在父母做这些事情的时候，孩子偶然间看到了，在某次需要叠衣服、开灯、用亲吻表达爱意的时候，便自然而然地模仿父母的行为。

无意记忆也有着很大的选择性，我们可以发现，新鲜刺激的事物总是令我们过目不忘。因为它们极大地刺激了我们的感觉器官，所以才会在我们的记忆中留下深刻的印象。另外，符合人们需求、兴趣和让我们产生了深刻情绪体验的事物也比较容易被记住。比如，做饭、画画、唱歌、玩滑板、第一次向心爱的女孩告白、第一次登台表演等，这些经验总是能在我们的记忆中留下难以磨灭的痕迹。

根据对记忆内容的了解程度，可以将有意记忆分为机械记忆和理解记忆两种。

机械记忆，顾名思义，是像机器一样进行记忆，相当于死记硬背，不理解记忆内容的意义，通过重复的方式进行记忆。这种记忆方式非常被动，需要多次重复才能形成记忆，但它却适用于学生时代的某些情况，如对电话号码、乘法口诀、化学方程式、历史年代、地名、人名、历史事件、英语单词的记忆等。机械记忆能够有效地防止记忆歪曲。

理解记忆指的是在理解了记忆内容、找出记忆内容内在联系的基础上进行的记忆。在理解记忆内容的过程中，我们的大脑会根据已有的经验对记忆的内容进行分析、比较、综合等多种方式的加工。这个过程与机械记忆相比，会耗费大量的心理能量，所以理解是理解记忆的重中之重。

记忆的第二个步骤是保持。保持指的是我们的大脑在接收声音信息、文字信息、图像信息、气味信息等感官信息之后，对这些信息进行编码、分类和存储。

信息的保持也有三个阶段，第一阶段是通过感觉形成记忆痕迹，但这种记忆痕迹非常不稳定，容易忘记，被称为瞬时记忆；第二阶段是短期保持，被称为短时记忆；第三阶段是长期保持，被称为长时记忆。并不是大脑所接收的所有信息都能够进入第三阶段，被长期保持起来，人们总免不了会出现遗忘的情况。

当我们对之前经历过的事情既不能够再认，也回忆不起来的时候，就代表我们遗忘了这件事，也标志着保持这个记忆环节的失败。

记忆的第三个步骤是再认和回忆。再认和回忆是在不同情况下再现过去经验或记忆的过程。过去经历过的事情再次出现在面前，我们的大脑对此加以确认的过程是记忆的再认，而过去经历过的事情并没有再次出现在现实中，而是在我们的脑海中重新浮现出来，这就叫回忆。很多电视剧为了凑时长，会反复播放主角想起小时候的经历，这就是回忆。

识记、保持、再认和回忆这三个环节既相互联系，又相互制约，没有识记便谈不上记忆的保持，没有保持的识记内容很容易便会被我们遗忘，再认和回忆也就无从谈起，而再认和回忆既能够检验识记与保持的效果，又能够加深和强化识记内容。所以三者缺一不可，只有把识记、保持、再认和回忆三个步骤结合起来，才能在我们的大脑中形成稳固的记忆。

记忆也有感情色彩

张诚和一个旅游群里的“驴友们”约着一块儿去爬山，由于进山的时间晚，他们打算在山上露营一晚，第二天早点起来爬到山顶看日出。可是晚上6点半他们才爬到半山腰，眼看着暮色四合，周围的光线一点点暗下去，他们就找了一处平坦的地方搭起了帐篷，各自吃晚餐补充体力。吃完晚餐才不到8点，惯于熬夜的几个人都没什么睡意，于是谁也没有回到帐篷里，而是坐在一起闲聊。

有人提议一人说一件记忆中最开心的事和一件最痛苦的事。每个人都仔细地思考了一会儿才打开话匣子，关于最开心的事，有人说了自己求婚成功的事，想起未婚妻，满怀柔情；有人说了第一次在医院育婴房里看到女儿的事，激动得仿佛画面重新浮现在眼前；还有人说了第一次开着自己新买的车兜风的事，露出自豪和满足的笑容……

开心的事情说完了，便说到各自痛苦的事情，话题陡然变得沉重起来。但是每个人几乎都是不用过多思索便回忆起了曾经痛苦的经历。有人说起自己在上学的时候遭受校园暴力的事情，提起施暴者时，表情仍然充满了痛苦和愤恨；有人说起自己考试时明明没有抄袭，却被人诬蔑作弊的经历，奖学金和自尊一并失去，至今满怀委屈；有人说起自己勤恳工作，好不容易等来了升职，却被突然空降的关系户挤了下去，最终愤而辞职的经历。

说完了痛苦的记忆，张诚提议大家各自讲一件平凡却记忆深刻的事情，大家闻言俱是一愣，都陷入了思考，想了半晌，有人忍不住投降说："我实在想不到什么记忆深刻的平常事，这也太难了！那么多平凡的事情，谁有工夫记啊。"其他人也出言附和，实在无法在记忆里搜索到一件印象深刻的平凡事。

如果我们仔细回忆，就不难发现，在我们丰富的经历中，越是带有明显感情色彩的事情越容易被我们记住，而生活中平凡的事不管重复多少遍，也很难在我们的记忆中留下深刻的印象。这是因为记忆也有着感情色彩。

在P.J.霍根执导的电影《彼得·潘》中，有这样一个情节，温蒂邀请彼得·潘和自己一起离开永无岛，但是彼得·潘毫不犹豫地拒绝了她。

彼得·潘是个很容易遗忘的男孩，他每天忙着冒险，做很多有趣的事情，然而这些事情他很快就会遗忘，所以他的生活中没有任何忧愁，到处都充斥着新鲜和快乐。但是这并不代表他的内心深处没有伤痕，在他的脑海深处始终有一段难以忘却的、令他无比悲伤的记忆：

在他只有七天大的时候，从打开的窗户爬了出来，离家出走，他本来以为妈妈会一直开着窗户等待他回去，所以在外面玩了很久很久。等到有一天他要飞回家的时候，发现窗户已经不知道在什么时候闩上了，妈妈已经忘记了他，而他曾经安睡的床被一个小婴儿占据。这令彼得·潘感到委屈、难过和绝望。

这段记忆被他深深地埋在脑海中，每天的冒险看上去给他带来了无穷的快乐，但他很快就会把这些冒险的经历遗忘。在他的记忆中，永远也忘不掉回家时已经没有人为他等待的那种悲伤情绪。

比起快乐的、平凡的经历，似乎痛苦的、不愉快的经历更容易被我们深深地记在脑海之中，比如，我们也许不记得中学的时候吃过的最美味的饭菜，但我们一定记得某一次在菜里吃出了半条虫子、一根头发或者一只苍蝇的事情。尽管我们不记得当时吃的什么菜，可那种曾经产生的恶心感每每想起来，还会令我们感到不舒服。

痛苦的记忆更不容易被我们遗忘，其实是有科学依据的。俗语有言："一朝被蛇咬，十年怕井绳。"痛苦的记忆能够对我们起到一定的警示作用，比如，我们上次走过一条路的时候掉进了坑里，下次再走这条路的时候，我们的大脑会提醒我们上次的遭遇，于是我们会更加小心，避免在同一个坑里跌两次。

所以从进化论的角度来说，记住那些让我们感到痛苦、悲伤，甚至对我们的人身安全构成威胁的经历，能够让我们规避风险，有更大的概率存活下来。

为什么我们不仅会遗忘平常的经历，还会把快乐的经历遗忘呢？这是因为人的记忆容量是有限的，我们所记忆的都是与我们生存、生活息息相关的事情。相比那些快乐的记忆，能够挽救我们的生命、令我们免受痛苦的记忆要重要得多，所以那些快乐但不重要的记忆就会被大脑自动隐藏起来。

由此我们不难发现，大脑看似是一视同仁地接收消息，实际上在记忆信息的时候，也有着自己的偏好。

所以如果我们想要更好地记忆知识和信息，大可以给需要记忆的内容增添一些愉悦的、痛苦的、愤怒的感情色彩。这和学生时代老师要求学生有感情地朗读课文有着相同的作用，带着感情去记忆信息，比起单调乏味的机械记忆要生动有趣得多，记忆起来也更快、更牢固。而且我们的大脑在记忆的时候会连同记忆信息时的这种情绪体验也一并记住，回忆、再现的时候就会比较顺利。

除对那些令人痛苦的、不舒服的经历留下本能的记忆之外，大脑在记忆信息时也会选择自己所熟悉的信息优先记忆。

我们不妨举一个例子：如果让我们记忆“HA HA DA XIAO”和“HA DA HO AXIA”这两组字母，我们不难发现，前者要比后者好记得多，尽管两者的字母数量相等。前者和词语“哈哈大笑”的汉语拼音相同，所以我们只要记住“哈哈大笑”，就很难忘记这组字母。

所以，我们如果想要更好地记忆信息和知识，不妨多思考一下新、旧信息之间的联系，如果大脑接收信息的时候，发现这条信息与之前所记忆的信息存在关联，它就能够很快地将这条信息存储并编入信息网络。这样，我们再回忆这条信息的时候也会比较容易。

这和我们参与一个新社团有些类似，如果社团中有一个我们认识的人，那么我们能够通过他的关系网很快地在这个社团中形成一个小圈子。记忆也是如此，新、旧信息之间的联系越多，我们记忆起来就越轻松，而对之前所记忆的旧信息来说，与需要记忆的新信息串联起来的过程也是加深记忆的过程，在无形之中就起到了强化记忆的作用。

在运用中加深记忆

8岁的小璟在爸爸妈妈的帮助下学会了骑自行车，她已经能够自己骑着自行车去找同学玩了。暑假的时候，小璟的爸爸妈妈由于要出差，没有办法照顾小璟，便把她送到了乡下的爷爷奶奶那里。爷爷家没有自行车，小璟学着骑家里唯一的一辆三轮车，她本来以为会像学自行车那样难，没想到坐上去骑了一圈，便学会了。

等到暑假结束，爸爸妈妈把她从爷爷奶奶那里接回来，再次摸到自行车把的时候，小璟突然发现，自己竟然不会骑自行车了。她觉得非常奇怪，不明白为什么之前明明已经能骑车了，现在却摇摇晃晃的，怎么也稳不住车把。爸爸安慰道："别着急，你是太久没有骑自行车忘记了，上去骑两圈就好，不会像当初学骑车时那么难了。"小璟听了爸爸的话，又尝试了几次，果然很快就找回了之前骑自行车的感觉。她有点担心地问："爸爸，我会不会明天一觉睡醒，就再次忘记怎么骑自行车啊？"爸爸说："不会的，你以后经常骑车就不会忘记了。"

相信很多人都有着和小璟相似的经历，一段时间不骑自行车了，再次骑车的时候会有一种陌生的、恐惧的感觉。这是因为随着时间的流逝，我们忘记了之前骑自行车的方法。遗忘是必然会发生的，不仅仅是骑车，其他事情也是如此。很多心灵手巧的女生在上学的时候学会了很多折纸的方式，可以折出漂亮的纸鹤、像模像样的小船、精巧的花篮、繁杂的玫瑰花、百合花、电话机等。

可是在很长一段时间不折的情况下，突然让我们折一个小花篮、一朵玫瑰花，我们可能会忘记当初的折法。这正是因为我们不经常运用掌握的技巧。而经常运用的知识，我们肯定会牢牢记在脑海中，如叠衣服的方法、洗衣服的步骤、近期最喜欢听的一首歌高潮部分的歌词、自己的银行卡密码等。因为这些技巧和信息在我们的生活中会频繁地用到，所以很难遗忘。但是对之前所记忆的某些知识，我们有很长一段时间都不需要运用，自然而然就会遗忘。

记忆和运用之间的关系类似于人与人之间的那种“你不理我，我也不理你；你对我好，我能对你更好”的相互促进的好兄弟关系。如果我们接收了新信息，学到了新知识而不加以运用的话，我们很快就会忘记。但是如果我们将学到的知识运用到实践之中，我们的记忆就会更加牢固。运用的次数越多，我们就越难遗忘。

很多英语老师会教给学生们一个办法：闲暇时说出自己所见到的物品的英文名称，并拼出相应的单词，在拿着某个物品的时候，同样说出这个物品的英文名称以及拼法，如我们要吃苹果时，将苹果拿到手上，说出苹果的英文“apple”，并将它默默拼出来，这样能够让我们更好地记忆这个单词。

这种方式同样也适用于记忆其他事物，如果我们想要将某个知识点或者信息记忆下来，可以将它变成我们生活中必须运用的一部分。就像骑自行车一样，每天都在骑，就不必担心忘记。记忆也需要加以巩固，只有将所接受的知识不断地加以运用，我们才能够记得更加牢固。

重复记忆法——重复是记忆之母

孙浩和张倩在讨论最近热播的一部电视剧，看到剧中一个角色的时候，孙浩觉得这个角色的扮演者让他莫名眼熟，似乎在哪部电视剧里见过一样。可是他想了半天，也没想起来那个人的名字，在他想要开口问的时候，张倩也出声了：“扮演这个角色的帅哥不是那个谁吗？”孙浩连忙凑上去问：“是谁？我好像也看他演过别的片子，要不我上网搜一下？”张倩不服输道：“别搜，我肯定能想起来，这还是我童年男神呢！他演过 ×××，演技炸裂，之后再没见过他的作品。我搜了好几次也没搜到他的信息，他的演技能吊打当今的小鲜肉。”

张倩皱着眉想了大半天，也没想出来，认输道：“不行，我只能想到他演的角色的名字，想不出来他的艺名。”最后还是孙浩上网搜了出来。过了一会儿，电视剧放完了，孙浩拿着遥控器转到了其他台，张倩看着正在上演的另外一部电视剧，直接抱怨道：“这放的什么烂剧。”再扫了一眼屏幕说道：“怎么又是 ××× 呀！演技差得要命，还尽挑抄袭剧演，我不看这垃圾剧，你快点换台！”孙浩不由得笑了，一边换台，一边问她：“你怎么自己喜欢的演员名字记不住，不喜欢的演员名字倒是张口就来呢？”

张倩说：“那是因为我喜欢的演员低调，出镜率低。这些流量小生呢，到处都有他们刷屏，恨不得每天出现在你面前八百遍，什么破事都能拿出来炒作，关键还没什么演技和职业素养，空有一张看不出是不是整过容的脸，一天天不断出现在你面前，就是不想记住都很难。”

相信很多人也曾经像张倩一样面临这样的烦恼：喜欢的，但是不常见到的人或物，总是非常容易被我们遗忘；而那些我们常见的，甚至看得多到生出厌恶之情的人或事物却总是能在我们的大脑中留下深刻的印象。其实这就是重复记忆法造成的结果。

重复记忆法，指的是把所记忆的内容连续重复或间隔一定时间后再重复学习一次，经过多次重复，变为永久性记忆。为什么需要重复记忆呢？因为每个人都会遗忘，相信每个人都有忘记某件事情的经历：昨天随手放的东西，今天就忘记放到了哪里；之前看过的小说，内容忘了七七八八。这并非是我们的记忆出现了问题，要知道，我们的大脑并不像电脑一样，能够将所有东西都记得清清楚楚。所记忆的信息总会随着时间的流逝和接收信息的增多而被逐渐淡忘。遗忘是必然会发生的事情，但值得一提的是，遗忘也是有一定规律的。

德国著名的心理学家艾宾浩斯在1885年发表了关于记忆规律的实验报告，在报告中，他提出了著名的揭示遗忘规律的曲线：艾宾浩斯遗忘曲线。他用记忆无意义音节的方法进行了实验和研究。实验中他发现，在熟记这些无意义音节之后，仅仅过去了一个小时，他就遗忘了56%的内容；两天之后，他又忘记了16%；而后遗忘的速度开始大幅度变慢，六天之后，虽然他仍然会遗忘，但只遗忘了3%的内容。这就是后来人们所说的遗忘周期，艾宾浩斯发现遗忘遵循了先快后慢的原则。

也就是说，在我们的日常生活中，遗忘的过程并不是固定的、均衡的。在最初阶段，我们遗忘的速度非常快，那些越是漫不经心记忆的事情，越容易被我们遗忘，而那些曾经给我们带来强烈刺激所形成的深刻记忆，则会在我们的脑海中留下痕迹，等着我们在某一时刻重新想起。随着时间的流逝，遗忘的速度会逐渐变慢，到了一定阶段之后，几乎就会不再遗忘了。而当遗忘某件事所需要的时间超过我们的寿命时，这件事就会成为我们的永久记忆，如“九九乘法表”和《咏鹅》《春晓》之类的诗篇等。

这就解释了为什么我们会忘记某些事情，如之前看过的某部电视剧、读过的某本书或是小学同学的名字；而另外一些事情，如怎么叠纸面包、怎么系蝴蝶结、扑克牌的玩法等，却总也不会忘。这正是因为在日常生活中，我们曾经不断地重复记忆这些知识。

明末清初的思想家、学者顾炎武可以将“十三经”（十三部儒家经书的合称）“尽皆背诵”，这令很多人感到不可思议。他不仅记忆容量大，而且记忆的准确度极高，很少出现漏记、错记的情况。这是因为他有着正确的复习方法，每年他都会专门分出三个月的时间温习旧的知识，剩下的月份则用来学习新的知识。

正是因为重复记忆，才让他对大量知识记忆得如此牢固。我国著名的桥梁专家茅以升在80岁高龄的时候，依然能够背诵圆周率小数点后100位数字，当人们问他记忆的诀窍时，他直言道："说起来也很简单：重复！重复！再重复！"

重复是记忆之母，大部分情况下，重复的次数越多，我们的记忆就越深刻，如对电视上总出现的某个明星、学校的放学铃声、经典电视剧《西游记》中的片头曲等。随着重复次数的增加，我们在脑海中深深地记住了这些声音和画面，不仅会唱，甚至在音乐响起的时候，能够在脑海中想象与之相对应的画面。

如果说记忆有捷径可走的话，那么众多捷径中最基本、最简单的一种方法无疑就是重复。要想记得深、记得牢、记得久，就需要我们耗费精神和时间去做这件看似无趣、实则有效的事情。当我们重复的次数足够多时，所需要记忆的知识就会深深刻在我们的脑海当中了。不过，重复也是需要遵循一定的方法的，不然只会徒劳地耗费我们大量的时间和精力。

我们可以根据艾宾浩斯遗忘曲线来安排自己复习的时间：由于前期遗忘的速度较快，所以学到新的知识之后，我们最好在12个小时之内进行复习，巩固自己的记忆内容。第二次复习的时间间隔可以稍稍拉长，比如，放到两天后再次进行复习。在记忆较为清楚、脑海中所保留的知识还比较多的时候强化记忆。随着遗忘速度的放慢，我们可以相应地将复习的时间间隔拉得更长，如一周、一月、半年、一年等。在这个过程中，我们不断复习之前所学习的知识，记忆也在不断的重复中达到了加深和强化的效果，最终形成终身记忆。

Chapter 2

有趣的记忆方式

谐音记忆法

谐音记忆法，指的是通过读音相同或相近的词语，将需要记忆的内容和已经记住的内容联系起来进行记忆。说到谐音，不得不说起中国汉字中的众多同音字，因为读音相似，所以我们能够借助谐音为需要记忆的对象赋予新的意义。妙用这种谐音有时候能够达到一语双关、妙趣横生的效果，而且能够让我们经久难忘。

青年作家韩寒曾经在自己的作品《三重门》中写过一个关于谐音的情节，书中主人公读到一首诗，名字叫《卧春》，全诗内容为："卧梅又闻花，卧知绘中天。鱼吻卧石水，卧石答春绿。"仔细读了几遍后，却发现，这诗名的谐音是《我蠢》，全诗内容为："我没有文化，我只会种田。欲问我是谁，我是大蠢驴。"这就引人爆笑了，虽然意思全然不同，但对记忆这首"诗"却产生了让人经久不忘的奇效。

知名作家马伯庸在谈起谐音记忆法的时候，曾称赞谐音记忆法是效率最高的记忆法。他说起自己以前查资料，看到上古八姓之一的"妫"字的事情。《古今姓氏书辩证》和《通志·氏族略》中记载："虞有两姓，曰姚曰妫。因姚墟之生而姓姚，因妫水之居而姓妫。"

虞指的是中华民族的始祖之一舜帝，因国名"虞"，所以又称虞舜。上古时代的舜帝名叫姚重华，他家附近有座姚墟，还有一条妫河，所以他既姓姚也姓妫。其他的字都好记，在生活中也很常见，唯独一个“妫”字，念作“gui”，四声，但总容易被错念为“为”。

后来马伯庸的朋友听到这个字时说：“虞舜家里应该擅长占卜吧，不然怎么以龟为姓呢？”这显而易见是朋友听错了，但是从此以后，马伯庸便再也没有记错这个字的读音。

一般来说，人们会用谐音记忆法来记忆一些比较抽象的、难记的内容。谐音记忆法能够把无意义、无关联的材料变成有趣的和有关联的内容，来帮助我们快速记忆。很多人曾用过谐音记忆法记忆某些知识，在上学的时候，无论是历史知识还是化学、数学以及物理公式等，都能够用谐音记忆法来帮助记忆。

从高中时代走过来，尤其是学习文科的学生可能有更深的体会：在学习历史知识的时候，我们不仅需要记忆朝代，还要记忆具体的时间，更有甚者，连某个历史名人的诞辰也需要记忆。这种材料如果用重复记忆法去记忆，难免会耗费大量的时间和精力，而用上谐音记忆法就变得非常容易，比如，马克思的诞辰是 1818 年 5 月 5 日，我们可以联系马克思所做出的伟大贡献，来更好地进行记忆。所以我们可以将谐音处理为“马克思一巴掌一巴掌打得资产阶级呜呜直哭”。这样一来，我们不仅能够很快记住马克思的诞辰，还能够记住他的功绩，按照这种方法记忆起来就非常容易了。类似的还有清军入关时间是 1644 年，联想清军杀入关内，留下一路死尸，恰好与“1644”谐音；李渊 618 年建立唐朝，谐音可以记为“李渊见糖（建唐）搂一把”。这样一来，我们很容易就能把抽象的、乏味的知识给记住。

在记忆英语单词的时候，谐音记忆法也能够发挥出较大的作用，如“ambulance”这个单词，意为救护车，谐音为“俺不能死”。将这个单词的谐音和它的意思进行联系："俺不能死，快叫救护车！"这样记忆起来就非常容易了；"gentle"意为温柔的、文雅的、柔和的、高尚的，谐音为"枕头"，我们可以想象抱着枕头睡觉，枕头是温柔的，这样一来便很容易记住。类似的很多英语单词都可以通过这种方式进行记忆。

在学习和记忆数学方面的知识时，谐音记忆法同样适用。比如，我们每个人遇到都会觉得头疼的圆周率。

从前有个爱喝酒的私塾先生，有一天，他给学生们布置了一道题目：把圆周率背到小数点后30位，也就是要背出3.141592653589793238462643383279这串数字，并宣布放学前进行考试，背不出来的不但要打板子，还不能回家。说罢私塾先生便走了，学生们看着要背的这一大串毫无关联的数字，不由得连声哀叹。

有些中规中矩的学生一看时间紧、任务重，一个个摇头晃脑地背了起来，但那些顽皮的学生可没有心思背书，他们的注意力全被窗外的大好春光吸引了，接二连三地溜出了私塾，跑到外边玩。有几个学生跑到山顶的凉亭里玩的时候，恰好被与朋友饮酒作乐的先生看到了，但先生也没有斥责他们，只是叮嘱他们注意安全，不要忘记课业。这样一来他们就更放心了，成群结队地在山上畅快地玩了起来。

眼看着夕阳西下，私塾先生也告别朋友，回到书院中考校学生的功课。几个死记硬背的学生好不容易才把一长串数字结结巴巴地背了下来。先生听完略微有些满意。但考校到那些顽皮的学生时，却发现这些学生一个个背得通顺、流利，这倒叫先生惊奇不已，不由得开口问道："我明明看你们在山上玩了大半天，这么短的时间里你们是怎么背下来的？有什么秘诀吗？"一个学生得意地说道："在玩的时候，我把要背诵的数字编成了带谐音的句子：'山巅一寺一壶酒，尔乐苦煞吾，把酒吃，酒杀尔，杀不死，遛尔遛死，扇扇刮，扇耳吃酒。'我们几个一边念着一边配合句子做出了喝酒、遛弯、打耳光的动作，这么念叨了几遍，就把它记住了。”先生听完露出满意的笑容。

谐音是我们记忆很多抽象知识的窍门，用谐音的方法对那些需要记忆的零散的、抽象的、毫无意义的素材进行加工，为这些素材附加上意义，使之变得生动有趣，这样我们记忆起来就快得多，记忆的过程也会变得非常愉悦。谐音记忆的过程也就是创造的过程。谐音记忆不仅提高了我们的学习和记忆的效率，同时也对我们的联想能力和形象思维进行了训练，让需要记忆的知识更加形象，让我们在记忆的同时更能体会到学习的快乐。

当然，谐音记忆法并非适用于所有的记忆对象，大多数情况下还需要结合理解记忆、重复记忆等方法，这样记忆效果才会更好。

音乐记忆法

某学校的高二教室中，下课铃声一响，张琳便抱着一本《唐诗宋词选修》和同桌陈丽抱怨起来：“为什么语文总是要背啊，又要背全诗，还这么长。我选文科就是因为怕背书，谁知道语文要背的还有这么多，我都快烦死了！明天语文老师就要检查背诵结果了，你背得怎么样了？”

陈丽说道：“咱俩一样，我脑子也不好使，背了一个早自习，就记住开头那几句。明天老师如果抽到我，我也未必能背出全诗。”

两人正发愁明天怎么混过检查，后桌的孙皓晨大声背诵起《长恨歌》来：“汉皇重色思倾国，御宇多年求不得。杨家有女初长成，养在深闺人未识。天生丽质难自弃，一朝选在君王侧。回眸一笑百媚生，六宫粉黛无颜色……”一口气背下来，竟然没有错句，陈丽和张琳见状，连忙拉着孙皓晨问道：“你怎么背得这么快，我们不是一起学的吗？”

孙皓晨说道：“我有绝招啊！”陈丽和张琳连忙摆出一副请求学霸不吝赐教的表情。孙皓晨说：“我给你们指条明路，打开手机搜《长恨歌》，可不是诗，是歌曲，下载下来，循环着听。等你们会唱这首歌的时候，你们就会背诵整首诗了。”

陈丽和张琳将信将疑地打开手机，果然搜到了这首歌，歌词竟然也和《长恨歌》原文分毫不差。两人果断下载下来，听了几次，没多久便会唱这首歌了。背诵起这首诗时，就变得非常顺畅了，困扰两个人的大难题轻松解决了。

说起音乐，大部分人是不陌生的，闲来没事时，哪怕荒腔走板，每个人也会自娱自乐地哼上那么一两句。在网易云音乐发布的MV《音乐的力量》中，描述了两个敌对阵营的士兵因为音乐而产生共鸣，放下干戈，各自回忆和想念亲人的故事。在中国历史中，也有西楚霸王项羽夜闻四面楚歌，震惊之下丧失斗志，自刎乌江的故事。

音乐的魅力是无穷的，好的音乐有着打动人心的奇妙作用，熟悉的音乐更容易让人产生共鸣。但音乐还有另外一种妙用，就是帮助我们记忆。

很多人小时候曾在家长的教导下背诵过《声律启蒙》。《声律启蒙》虽然读上去朗朗上口，却并非那么容易背诵。但是，如果换成以唱歌的方式来记忆，就会变得非常简单。与之同理的还有学习英语必备的26个英文字母，如果没有英文字母歌，26个字母未必比圆周率小数点后的26个数字好背。

在我国早期音乐论著《乐记》中有这么一句话：“凡音之起，由人心生也。人心之动，物使之然也。感于物而动，故形于声。”我们在听到一首很久之前听过的歌时，也许未必能够背出歌词，但是曲调响起来的时候，那种熟悉感和亲切感就油然而生，歌词也就随着乐曲脱口而出。

在古代，诗歌不分家，中国现存最早的汉语诗歌总集《诗经》中的诗篇都配有相应的曲调，方便广大人民群众口头传唱。而且这个传统很好地延续了下来，汉朝有官方诗歌集成《汉乐府》，唐诗宋词里的名篇也能够按照一定的韵律唱出来。现在依然有很多艺术家为诗篇谱曲，并将这些千古名篇唱出来，如《水调歌头》《静夜思》等。用唱的方式去学习、记忆，不仅增加了趣味性，而且能够帮助我们更快地记住。

音乐和我们的生活有着密不可分的关系，它能够调节我们的情绪，改善我们的心理状态。当我们心情烦躁、紧张、焦虑的时候，舒缓的音乐能够缓解我们内心的烦闷，让我们平静下来；当我们痛苦悲伤的时候，柔和的乐曲能够抚慰我们的心灵；当我们快乐的时候，轻松愉快的音乐能够为我们的快乐情绪锦上添花。经常听轻松、悦耳、舒适的音乐，能够帮助我们培养出乐观、自信的性格，让我们更有信心和勇气面对生活和学习中的压力，这在无形之中对增进我们的记忆有帮助。

音乐还能够深化我们的记忆，它能够刺激人体释放更多的化学物质乙醇胆碱，乙醇胆碱正是大脑细胞间信息传递的神经递质，对增进记忆有着良好的效果。保加利亚的拉扎诺夫博士发现，音乐是挖掘人大脑潜力的好工具。

拉扎诺夫博士曾经以医学和心理学理论为依据，对一些乐曲进行了研究。他发现，慢板乐章能够有效消除紧张情绪，让人平静下来。为了验证自己的结论，他找来了一些学生做实验。首先让学生们随着舒缓的音乐放松精神和肉体，并根据音乐的节拍读某些素材，随后再播放一些欢快的音乐，让大脑从冥想、记忆的状态中剥离出来。结果这些学生反馈的记忆效果非常好。

保加利亚为此专门召集记忆方面的专家，改进拉扎诺夫的研究之后发明了

“超级音乐记忆法”，帮助学生们在短短四个月之内完成了其他同学要花费两年时间才能学会的课程，学习效率大幅度提高。这种音乐记忆法一度风靡保加利亚、俄罗斯、美国、法国、加拿大等国家。

我们也可以巧妙地运用音乐记忆法来提高自己的记忆力和学习效率。音乐记忆法的方法不外乎两种，其一，将需要学习和记忆的素材编成歌曲，或是将记忆素材填入某首曲中唱出来，这样记忆起来就会非常容易。现在这种方法在很多地方得以实践，比如，一些老师会将拼音字母、化学元素周期表等编成歌曲教学生们唱，这样学生们记忆起来不仅速度快，而且记得牢固。

其二，经常听一些愉悦、轻松、舒缓的音乐，这样对培养我们乐观、自信的性格有着促进作用。在学习的时候，我们也可以播放一些欢快的音乐，帮助我们以更好的心态和更积极的面貌学习新知识。

顺口溜记忆法

婷婷刚上了几天幼儿园，就学会了好多顺口溜，拉着爸爸妈妈要表演。等爸爸妈妈在沙发上坐好，她便清了清嗓子背了起来，从“一只哈巴狗，蹲在大门口，两眼黑黝黝，想吃肉骨头”背到“小白兔，白又白，两只耳朵竖起来，爱吃萝卜爱吃菜，蹦蹦跳跳真可爱”。接连背了三四个顺口溜，把爸爸妈妈逗得哈哈大笑。爸爸听着女儿脆生生地背书的声音，不由得赞叹道：“这幼儿园的老师就是有办法，我前两天教她背的乘法口诀背了多少天了都没背会，你看看咱们婷婷上幼儿园才几天啊，就能背这么多东西了，要是学习时间长了，不是更了不得。”

妈妈说道：“你也不看看老师让背的是什么，都是顺口溜啊，还都是小狗、小兔子、大公鸡，孩子肯定觉得有趣，也愿意背，你让她背的东西多没劲儿啊！

换成你，也是顺口溜背得飞快。”

幼儿园的老师总会教小朋友很多顺口溜，如“小老鼠，上灯台，偷油喝，下不来，喵喵喵，猫来了，叽里咕噜滚下来”或是“一二三四五，上山找老虎，老虎没找着，找到小松鼠，松鼠有几只，让我数一数……”，等等。我们不难发现，尽管很多年过去了，小时候的大部分时光是如何度过的可能已经无从记起，可是一旦听到这些顺口溜，我们总能够脱口而出。这些简单、押韵的句子仿佛在我们的记忆里打下了深刻的烙印。这便是顺口溜记忆法的魅力所在。

顺口溜记忆法又叫歌诀记忆法，是最古老的、用途最广泛的一种记忆法。顺口溜记忆法指的是利用谐音汉字，把需要识记的材料编成合辙押韵的句子或顺口溜，这样记忆起来非常容易。心理学家做过一个关于歌诀与记忆的实验，让两批学生记忆同样的 80 个单词，一组记忆的是毫无连贯性的单词，另一组记忆的是单词编成的押韵歌诀。结果第二组的学生只读了八遍歌诀，便记住了这些单词，而第一组背了几十遍还会出现错记、漏记的情况。实验结果表明：有节奏、有韵律的材料，比没节奏、没韵律的材料要好记得多。

小时候，很多人分不清年、月、日之间的关系，不懂怎么算闰年、平年，也不明白一年到底有几个月、每个月到底有几天，为什么有的月份有 31 日，有的月份却没有，有的月份只有 28 天……光是分清这些就足够让孩提时代的我们头疼了，但有了年月日顺口溜便不一样了。我们只要记住“一三五七八十腊，三十一天永不差。四六九各三十天，只有二月二十八。每逢四年闰一日，一定要在二月加”这个顺口溜，就不必再为记不准年、月、日而烦恼，并且记住之后极有可能产生经久不忘的效果。

记忆节气也可以用顺口溜记忆法。中国古代是农业社会，人们需要根据二十四节气来了解天气的变化，以指导农事的进行。一年之中有二十四个节气，什么大寒、小寒、清明、惊蛰、芒种，光是理解这些词的意思都需要花费很长一段时间，更何况是记住它们之间的顺序呢？如何对二十四个节气进行快速记忆？无疑就是背诵《二十四节气歌》。各版本的《二十四节气歌》背诵起来都朗朗上口，这样一来，我们记忆起来便非常容易。

现在，我们也会编出许多顺口溜来帮助记忆，尤其是在学习新知识的时候。在数学学科中，有“奇变偶不变，符号看象限”，简单押韵的两句话就概括了54个三角函数诱导公式的共同特点；在历史学科中，有“三皇五帝夏商周，春战秦汉三国休，两晋南北隋唐继，五代宋元明清民”四句话总结了中国历史上出现过的朝代。地理、物理、化学、生物等学科也都有相应的顺口溜，便于我们记忆各科的知识。

仔细分析这些顺口溜，我们不难发现它们的特点：首先，它们合辙押韵、朗朗上口，增加了趣味性；其次，它们将我们需要记忆的内容进行了缩减，保留了精要的部分，方便记忆的同时，也避免我们在记忆过程中出现错记、漏记的情况。此外，顺口溜记忆法还有效地改善了记忆效果。凡是通过顺口溜记忆的知识一般能达到深刻记忆的目的，可以让我们记很长时间而不遗忘。

我们也可以将需要记忆的素材编成顺口溜，编的时候要注意方法，不但要抓住记忆素材的特点，化无趣为有趣，语言方面还要尽量准确、简练，做到有节奏、有韵律，朗朗上口，便于记忆。

年代记忆法

阿诚是一个初中生，对不擅长背诵的他来说，历史课的内容可把他给难为坏了，尽管他已经另外分出了时间去学习和背诵历史知识，但每次做题的时候，还是会忘记。历史上的重要事件太多了，他很难将这些重大历史事件都记在脑子里。眼看就要考试了，这些学科中只有历史成绩在拖后腿，他想努力却没有办法，不由得心烦意乱，也看不下去书了，便走到客厅里喝水。

妹妹小蕊正坐在铺满杂物的地上，阿诚走过去问妹妹在做什么，妹妹说："幼儿园的老师发了很多小珠子，要教我们串手链，可是这些珠子太小了，我一不小心就弄丢了好多，又找老师要了一份。我怕再弄丢，所以干脆直接把它用老师发的绳子先串起来，等到去幼儿园上课的时候再拆下来，这样就不会弄丢了。"

阿诚一听，妹妹说得很有道理啊，那些重大的历史事件不也正是一个个小珠子吗？既然一个个去记忆记不住，为什么不将这些年代串联起来呢？这样背着也容易一些啊。他立刻行动起来，将历史课本中的重大历史事件都摘了出来，不总结不知道，一总结才发现，书上历史事件的年份都是相连的，将这些重大历史事件分门别类地串起来之后，他又尝试着背诵了几次，很快就记住了。

阿诚用的方法，其实就是年代记忆法，顾名思义，利用年代来帮助记忆。这种记忆方法在学习和背诵历史方面的知识时最常见，在历史课程中，历史年代占有极其重要的地位。有关专家研究发现，仅仅在初中的历史课程中，学生们需要重点掌握的年代就有上百个之多。接受过九年义务教育的话，我们不难发现，这些重大历史事件发生的年份就是一个个单调乏味的数字，一遍遍地重复记忆难免要浪费大量的时间和精力，而且在记忆的过程中容易出现漏记、错记的情况，导致记忆效果不佳。那么，如何快速记忆呢？相对来说较为适用的方法就是年代记忆法了。

年代记忆法，即我们根据某一个重要历史事件发生的年代，寻找相连年代所发生的重要历史事件，并找出这些历史事件之间的因果关系，比如，"虎门销烟与第一次鸦片战争的爆发”“中日甲午战争与《马关条约》的签订”“义和团运动与八国联军侵华战争”，等等。这些历史事件发生的顺序是既定的、不容混淆的。我们可以将这些历史事件发生的年份串联起来，依次进行记忆，将需要记忆的内容组成记忆模块，这样记忆起来就比较轻松了。这就好比我们保存东西，当一个物体过小的时候，单独存放容易遗失。但是如果将它和其他物品绑定在一起保存的话，就不容易遗失了。

举例来说，如果让我们单纯记忆 1919 年“五四运动”，可能我们很快就会忘记，但是如果将相连年份的重要历史事件都找出来，记忆起来便容易很多：1919 年“五四运动”；1920 年中国第一个共产主义小组建立；1921 年中国共产党诞生；1922 年香港海员大罢工；1923 年“二七惨案”；1924 年国民党“一大”召开。这样一来，我们便将这些零碎的知识组成了记忆模块，不仅记忆起来比较方便，而且当我们想到其中一个历史事件的时候，其他历史事件也会随之浮现在脑海中。不管想起来哪一个历史事件，都能想到其他历史事件，不仅起到了复习的作用，还达到了加深记忆的目的。

当然，在生活中，我们也能够用年代记忆法来记忆其他内容，很多男士因为记不住结婚纪念日、交往日、妻子生日、其他家庭成员生日等各种重要的日子而被另一半责备，导致彼此间的感情出现裂痕。其实我们完全可以用年代记忆法来记忆，将不同年份、不同月份发生过的重要事件罗列出来，用时间线将这些事件串联起来进行记忆，就能够达到快速记忆和重复记忆的效果，不容易遗忘。

比较记忆法

比较记忆法指的是通过比较的方法加以记忆。比较对我们来说并不陌生，日常生活中我们常说的“人比人气死人”“比上不足，比下有余”“一较短长”等，都是与比较息息相关的。比较能够帮助我们发现不同事物之间的区别，帮助我们发现每个人、事、物的特点、本质、彼此间的关系、相同点以及不同点等。

比较是我们认识客观世界的一种必要手段。家长们在教孩子认识事物的时候，也会找出其他事物做对比，以便孩子能够更好地认识和理解。比如，家长在教孩子分清楚小鸡和小鸭的区别时，就会找出两种动物的不同之处：虽然两种小动物都是从蛋里孵出来的，都有一身毛，但是可以看出区别：小鸡的嘴巴尖，鸭子的嘴巴扁；小鸡的爪子像竹叶，天生能从地里抓虫吃，小鸭的爪子则带蹼，天生会游泳。如此一对比，孩子很快就能够认识到两者的不同，并且达到快速记忆的目的。

在幼儿园里，老师们也会通过比较的方式来帮助孩子认识世界。很多孩子所学习的儿歌如“猴子尾巴长，兔子尾巴短，小松鼠的尾巴好像一把伞；公鸡尾巴弯，鸭子尾巴扁，孔雀的尾巴最好看”和“下雪啦，下雪啦！雪地里来了一群小画家。小鸡画竹叶，小狗画梅花，小鸭画枫叶，小马画月牙。不用颜料不用笔，几步就成一幅画。青蛙为什么没参加？它在洞里睡着啦！”等。这些无不是将小动物们放到一起进行了比较，然后找出了它们的不同之处，进而编成歌谣教给孩子，让他们更为全面和准确地认识世界。

比较记忆法对学习各种知识来说都很适用。如英语、语文、历史、地理等知识都能够用比较记忆法进行学习和记忆。举例来说，英语单词：pay、salary、wage、income 等都有工资、薪水之意，但前者是普通用语，可以代替 salary、wage；而 salary 指的则是脑力工作者的所得、工资较为固定，可按照月份、季度、年度来领取；wage 指的则是体力工作者的所得，一般都是根据合同或小时、天数、周数来领取；income 除了指工资之外，还指其他收入。三者通过比较就能够很好地区分开来，记忆起来也就比较容易。很多同义单词或是词头相近、词尾相近、词头尾相近的单词都可以通过比较来进行记忆。

其他方面的知识，如数学概念中的自然数与整数、物理学中的质量与重力、化学知识中的燃烧、缓慢氧化和自燃以及汉字“己、已、巳”的区别、历史知识中的七国之乱与八王之乱等。甚至连医学方面的知识都能够用上比较记忆法，如白芍与赤芍、麦冬与天冬、生地黄与熟地黄等药材之间的区别以及各自所适用的病症。

比较记忆法不仅能够让我们全面、准确地识记材料，还能够让我们的记忆更加深刻。将很多相似的识记材料放在一起进行对比和分析，我们就能够发现这些识记材料之间的相同点和不同点，认识事物的过程其实也正是形成记忆的过程。当我们对比和分析素材的时候，实际上也是在全面地认识和了解记忆的素材，进而使记忆变得立体化、具体化。而且在比较的过程中，不容易出现错误，保证了记忆的准确性。在比较的时候，我们能够发现记忆素材的异同点，进而进行辨别和记忆，着重记忆各种素材的特点，进一步加深脑海中的印象，达到强化记忆效果的目的。

比较记忆法又可以分为对照比较法、顺序比较法、类似比较法、横向比较法、同心比较法五种。

对照比较法，简单来说就是将好与坏、真与假、善与恶、美与丑、喜与悲、刚与柔等性质相反的知识对照起来进行比较，揭示出事物的异同点、优劣与高下等，帮助人们准确地认识事物、区分事物，然后进行记忆。

顺序比较法指的是将当前所需要记忆的素材和之前已经记忆过的素材加以比较并进行记忆。

类似比较法指的是抓住所需要记忆内容之间的相似之处进行记忆，比如，汉字“羸、嬴、羸、赢”，一眼看上去，我们很难发现它们之间的区别。但是仔细观察的话，就能够看出四个字的不同之处了，我们可以抓住它们的不同之处，加以记忆——输赢（yíng）贝当钱，蜾蠃（luǒ）虫相关，羸（léi）弱羊肉补，嬴（yíng）姓母系传。这样就能够记得又快又准。

横向比较法指的是将年代相同、性质相同的事物进行比较，如在记忆第一次鸦片战争的时候，我们可以和第二次鸦片战争进行比较记忆。

同心比较法指的是将一种事物和其他几种事物同时进行比较，借此来突出居于中心的事物的本质和特征，达到加深记忆的目的。

其实观察这五种方法，我们不难发现，无论是哪种比较方法，都遵循着同样的两个原则，一是异中求同，找到不同记忆素材的相同或者相似之处，进行串联记忆；二是求同存异，即在比较的过程中对记忆素材进行从表面到本质的认识，找出记忆素材的共同点和不同点，抓住细微的特征进行记忆。这样就能记得更多、更牢固。

归纳记忆法

张绪在背诵地理知识的时候觉得非常吃力，因为这些知识太乱太杂了，他背得毫无头绪，仅仅是亚洲的区域地理就让他头疼。无奈之下，他只好去请教学霸邻居张程，想知道他是如何将繁杂的地理知识记住的。

张程说："学习要讲究方法，不能死学，死记硬背很多时候不一定有用。你可以抽出一点时间把之前所学的知识做一个归纳，比如说，学一章做一章的总结，将这些相互联系的知识分到同一类，这样在进行记忆的时候就能够忆一牵百，减轻记忆负担。"

说着，张程翻开了张绪的课本举例道："我常用的归纳记忆法是'最'字法，比如，你现在要记忆的地理知识就可以这么归纳：世界海拔最高的洲是南极洲，平均海拔2350米；海拔最低的洲是欧洲，平均海拔340米；面积最大的洲是亚洲，共4457.9万平方千米；最小的洲是大洋洲，共897万平方千米。”

“你还可以根据这个方法记忆世界上最高的、最长的山脉……在记忆其他学科的知识时也能用到归纳记忆法，比如，中国最早的一部长篇章回体历史小说是元末明初罗贯中的《三国演义》；中国最早的资本主义萌芽在明朝中后期江浙一带；等等。在语文方面，可以直接记忆‘文圣孔子、武圣关羽、诗仙李白、诗圣杜甫、画圣吴道子’等，很多学科的知识都能用归纳记忆法去快速记忆。”

张绪根据张程所教的方法进行总结和归纳之后再去记忆，果然记得又快又牢固。

美国著名心理学家布鲁纳认为，人类记忆的首要问题不是储存，而是检索。随着时间的流逝和个人的成长，我们每天学到的知识都在增多，需要记忆的知识也在随之增长，刚开始的时候，我们所记忆的知识是破碎的，没有完整的知识结构。所以，当我们需要用到某个知识点的时候，会出现遗忘的状况，类似于提笔忘字。

那么，我们怎样才能够在需要这些知识的时候快速地将其从大脑的众多知识中抽调出来呢？此时，归纳记忆法就派上了用场。

归纳记忆法指的是将需要记忆的素材根据不同的属性进行排队、归纳、推理，总结出其属性和规律，然后再记忆这些素材及其属性。也就是说，我们需要将储存在脑海中的零散的、杂乱无章的知识进行系统的分析、总结、归纳、编排等，把这些零碎的知识纳入记忆网络中去，像完成拼图一样补全知识结构中缺失的部分，充实大脑中已有的知识体系，这样才能够做到经久不忘，随用随到。

归纳记忆法分为归纳和记忆两个部分，也就是说，在记忆这些知识之前，我们需要先做一个归纳总结。将所学习的内容按照一定的标准进行分类、归纳，使之有条理，然后经过对比和分析，将这些知识的属性和规律概括出来。

美国的斯坦福大学做过一项记忆实验，他们找来一些学生，让他们在一节课的时间内记忆 112 个单词，这些单词所涉及的种类有交通工具、文具、水果、服装和职业等。他们首先让学生记忆这些毫无规律的单词，但是一节课下来，没有几个学生能够将这些单词全部记住。随后，他们对这一百多个单词进行了分类，并按照规律将这些单词排列起来，让学生们再度记忆，结果用了不到一节课的时间，学生便把这些单词完全记住了。

我们在日常生活中也可以用归纳记忆法来记忆多方面的内容，如“最需要购买的日常生活用品”“最急着完成的工作”等，归纳记忆法就好像我们在生活中收拾房间，将内衣放到内衣的收纳箱中，鞋子放进鞋柜。只有将每个知识点放入它应该去的收纳箱中，我们需要用的时候才能够在第一时间找出来。

但是，在使用归纳记忆法的时候，我们也有需要注意的地方：记忆的材料要做到及时总结，这样我们在整理和归纳记忆的时候就不会感到毫无头绪而无从下手了。只有记忆的内容足够系统化、条理化，我们记忆起来才能够真正做到准确和快速。

当我们能够在第一时间将记忆素材进行总结，找出它的规律，并达到举一反三和触类旁通的效果时，记忆就不再是困扰我们的难题了。

列表记忆法

列表记忆法指的是用列表的方式将相关的记忆素材进行比较和对照，从而记忆其特点以及与其他记忆对象之间的联系的一种方法。将记忆素材集中起来，利用表格的方式进行归纳和整理，能够使其条理清晰，一目了然，便于记忆。

列表记忆法自古以来就被人们广泛地使用。中国西汉伟大的史学家、文学家、思想家司马迁曾在《史记》中用列表法整理出了《三代世表》《十二诸侯年表》等。这样记忆起来就比较方便。

列表的主要作用有两个：一是将分散的、零碎的知识点有条理地组织起来，组成一个整体，便于理解、掌握和记忆。我们所学的知识本是零散的、无序的、无规律的，但是当我们把这些记忆素材集中起来，放到恰当的位置上时，便能够使其与其他知识产生关联，形成一个整体。

二是对记忆素材进行归纳整理，找出每种记忆素材的特征，使我们在观看列表的时候一目了然。其实我们整理记忆素材的过程也是对记忆素材进行记忆的过程，当我们将列表整理出来的时候，会发现列表中的记忆素材条理明晰，记忆起来也非常容易。因为我们在编制表格的同时，也在对记忆素材进行比较、分析、归类、理解等一系列加工，在列表的时候弄清楚了列表内容之间的区别与联系，总结出了各个记忆对象的特征，并加深了记忆。

列表记忆法则是在列表的基础上进行记忆，它不仅能够将记忆素材提纲挈领地罗列出来，同时能够显示出各种记忆素材的相关特征，便于比较、对照和分析以及从特征上进行记忆，还能够帮我们对记忆素材进行深入的理解和有条理的储存。这样我们记忆起来会比较容易，提取记忆素材的时候也会非常方便快捷。这种方法不仅省时省力，提高我们学习的效率，还能够达到记忆效果准确、牢固、经久不忘的目的。

列表记忆法在记忆各种知识时都有用武之地。比如，在学习地理知识的时候，我们需要记忆自然带的分类、分布情况，不同地区的气候特点、植物特点、动物特点等，记忆内容繁多，会耗费大量时间和精力。但如果我们将这些知识点进行比较、分析、总结，最后收纳到一张表格中，就能够删掉很多不必要记忆的内容，为我们的记忆减负。

列表能够使记忆素材清晰醒目、便于记忆，可以用于记忆各种知识且记忆效果极佳，其形式也多种多样。最常见的形式有以下六种。

1. 关系图：用简单的示意图，把子事件的关联呈现出来，便于形象记忆。

在看《红楼梦》的时候，很多人曾被贾家诸多的人物和其纷乱复杂的人物关系所困扰，鲁迅先生就整理出了《贾氏谱大要》一表。看这张表的时候，自然能够对贾家众多的人物及人物间的复杂关系一目了然，如此一来便容易记忆了，在阅读的时候不容易弄混。

2. 网络图：用网络关系图来重点展现记忆素材之间的关系。

3. 示意图：以图画的方式对记忆素材进行加工，使其更加形象和便于记忆。

4. 一览表：统观全局，对记忆素材进行全面的比较、分析和总结，掌握记忆素材间的关系，便于全面记忆。

5. 系统表：将记忆素材进行系统化，便于整体记忆。

6. 比较表：对记忆素材进行归纳和分类，总结出记忆素材之间的区别与联系，着重突出各个记忆素材的特征，并据此对记忆素材进行掌握和记忆。

列表记忆法的关键在于列表，但很多人不懂得如何对记忆素材进行列表，更不知道该列哪一种表。其实，不管哪种形式的列表，其主要的步骤都是一致的。首先我们都要对记忆素材进行分类和分析，以此来判断编制哪种类型的图表更适合；其次我们要对记忆素材进行分析和归纳，提纲挈领，找出其主要特征，分析各种记忆素材间的异同点，随后才能编制出适当规格、适当形式的表格；再次我们便可以将记忆素材的内容依次填入表格中，使记忆素材条理清晰；最后根据表格中的内容进行记忆。在我们将列表整理完毕的同时，脑海中也已经留下较为深刻的印象，大可不必照本宣科、死记硬背。

编故事记忆法

小时候，很多孩子喜欢拉着大人的衣袖，央求大人们讲故事。“小马过河”“嫦娥奔月”“女娲造人”“猴子掰玉米”等或奇幻或富有寓意的小故事让我们听得津津有味，给我们带来极大的乐趣。

故事，是人民群众所喜闻乐见的一种艺术形式。讲故事的时候不需要语言多么华丽，也不需要有太多的景物描写和心理描写，更不用着重刻画人物特征，只要语言生动，情节连贯，就能够讲述一个引人入胜的好故事。随着时间的流逝，我们逐渐长大成人，也许已经记不清当时父母的表情动作，但故事的大致内容却留在我们的记忆中，这便是故事的魅力所在。因其富有趣味性，所以能够让我们经久不忘。

编故事记忆法便是很好地利用了故事的特点帮助我们进行记忆。编故事记忆法又称导演记忆法，是通过编故事的方法对识记材料进行记忆。

如果让我们记忆“苹果、女孩、漏斗、闪电、欣赏、地铁、裙子、恐龙、球棒、群山”这些零散的词汇，我们很难在短时间内全部记住，但是如果我们将这些词汇编成一个完整的故事，也许记忆起来就不那么困难了。

我们可以根据现有的词汇进行创作：女孩穿着新买的裙子去找朋友玩，出门之前，妈妈让她给朋友带去一袋苹果，走在路上的时候，突然下起了倾盆大雨，女孩连忙躲到附近的地铁站避雨，远处隆隆作响的雷声和明亮迅疾的闪电让女孩心惊肉跳。

没过多久，雨停了，女孩看向天空，只见天上的云形状各异，有的像恐龙，有的像球棒，有的像漏斗，还有的像连绵起伏的群山。她连忙掏出手机将这些奇形怪状的云拍了下来，准备和朋友一同欣赏这难得的美景。

如此一来，一个简单的小故事就把这些零碎繁杂的词汇全部组合起来了，我们只需要记得故事的主线，就能够将这些词汇全部记住。

编故事记忆法分为以下几个步骤：

首先要做的是提取关键词。其次是发挥想象力，把关键词变成清晰、鲜明的图像，便于记忆。具体可以通过谐音、关联、单字联想、拆分联想、动作等方式记忆某个词汇以及相关的图像。最后将这些画面和我们需要记忆的词汇联系在一起进行复习。

Chapter 3

天马行空的联想记忆法

接近联想记忆法——每个需要记忆的事物都有邻居

联想记忆法指的是利用记忆素材与现实中事物的联系来进行记忆，这种联系也可以是已知事物与未知事物之间的联系，或者记忆素材各部分之间的联系，等等。假使一种事物与另外一种事物相近、相似、相反或有因果关系，那么当我们想到这种事物时，自然而然地会联想到与之类似或相反的事物。比如，丈夫走到了家门口，看到紧闭的房门，会联想到妻子因为工作原因出差，而自己则以为家里有人，所以把钥匙忘在办公室的事情；丢三落四的小姑娘出了门，走到站牌处搭乘公交车时，想起来自己的钱包忘到家里的事情。如果我们平时习惯于联想记忆，这种事情本可避免。联想记忆法正是将记忆的素材与个人所体验过的事物进行联结，以便于人们记忆。

接近联想记忆法又被称作“邻近联想记忆法”或“时近联想记忆法”，指的是两种以上的识记对象，在时间上或者空间上有着较为接近的关系，这样只要想起其中一个识记对象，便很容易回忆起另外一个，再由另外一个去连接其他记忆素材。在这个基础上建立起来的联想记忆法就称为接近联想记忆法。

时玥怎么也记不住好朋友琳琳的生日，偶尔她能记住月份，却记不住准确的日子，大多数情况下连月份也记不准，为此闹过很多乌龙。有时候是琳琳问她要礼物了，她一脸茫然地不知道发生了什么事，有时候是她把礼物送给琳琳，琳琳却说今天不是自己的生日。因为生日的事情，琳琳已经埋怨了她很多次。直到一天，时玥认识了一个新同学，新同学虽然年纪比琳琳小，但她的生日和琳琳的只差一天，每次时玥一想到新同学的生日，随即就想到了琳琳的生日，有时候虽然会把两个人的生日弄混，但再也没有出现忘记的状况。

我们见到铁轨就能联想到火车，见到奔跑的马就能联想到一望无际的大草原，见到游戏币就能联想到趣味十足的动漫游戏厅、赛车、街头篮球、夹娃娃机，等等。这些都是接近联想记忆法在无形之中发挥了它的作用。

古代“望梅止渴”的故事也是运用了接近联想的方式。曹操说前方有一片茂盛的梅林，士兵们的大脑就展开了丰富的联想，与梅子相关的记忆也就在大脑中重现，他们不由自主地想象梅树上必然结着丰硕喜人的果实，如若摘一个咬上一口，酸酸甜甜的味道定能让人满口生津，滋润着干渴的唇舌。如此一来，身体的器官都被调动起来，唾液自然地分泌出来，暂时消解了干渴。

当然，接近联想记忆法也可以是一个人同时或先后经历了两件事，在思维中产生了关联，当想起其中一件事情的时候，就自然而然地想到了另外一件事。例如，小张第一次吃女朋友做的蛋炒饭的时候，想起来自己小时候最喜欢吃妈妈做的蛋炒饭。这样，简单的蛋炒饭就让小张将生命中最重要的两个女人联系到了一起，想起其中一个，自然而然地就想起了另外一个。

如果能够找到两种识记材料之间的联系，那么我们完全可以使用接近联想的方式来进行记忆。学生时代，很多人都曾为记不住繁杂的历史事件而感到苦恼，但老师要求学生们不但要记住，还不能弄混弄错。难道除了重复的死记硬背，没有别的窍门吗？当然有了，使用接近联想的方式，问题便会迎刃而解。

比如，我们要记忆“十月革命”“五四运动”“辛亥革命”“九一八事变”等历史事件的时候，就可以按照时间顺序来进行联想。例如，1917年俄国十月革命，1919年五四运动，1921年中国共产党成立。这三个历史事件发生的时间相近，使用接近联想记忆法进行记忆，想起其中一个，就能联想到其他两个。当然，我们还能继续联想，将更多相近的知识点串联在一起，例如，1911年辛亥革命，1921年中国共产党成立，1931年九一八事变，1941年皖南事变，每个事件之间都相差了十年。如此便找到了其中的规律，这样一来，在记忆的时候就会变得非常容易。

我们也可以根据同一个地点进行相关知识点联想，例如，洛阳是我国古都之一，其他古都分别为西安、南京、北京、开封。洛阳是隋唐大运河的枢纽中心，丝绸之路的东方起点；洛阳的市花是牡丹，最名贵的品种为姚黄魏紫；洛阳有龙门石窟和中国第一古刹洛阳白马寺，以及道家七十二福地之一的上清宫；等等。只要提到洛阳，就能够想起一连串的知识点，记忆效果极好。

只要我们善于归纳、尝试和灵活地运用，那么接近联想记忆法不仅可以用来记忆应考的知识，还能够记忆生活中大多数需要我们快速记忆的事物，拓展我们的知识面。

类似联想记忆法——给记忆的对象找个同胞兄弟

类似联想记忆法，指的是以识记材料在性质、成因、规律等方面有类似之处为基础而建立起来的一种记忆方法，也就是说，只要事物之间存在相似性，我们就可以使用类似联想记忆法来进行记忆。运用类似联想记忆法时，我们要针对识记材料进行分析，发现识记材料之间的共性，找出其相似点，并据此在识记材料之间建立联系，从而实现由其中一个识记材料联想到另外一个识记材料的目的，强化我们的记忆。

炎炎夏日，我们需要使用空调来降温，没有空调的时候，我们会想到用电风扇、空调扇降温。停电时，我们还会翻箱倒柜地找出尘封已久的老蒲扇。用不了电灯的时候，我们会找出蜡烛照明，没有打火机的时候，我们会想到用火柴来代替……空调、电扇、扇子以及电灯、蜡烛、打火机、火柴等事物其实都有着某种共性，空调、电扇、扇子都有着降温的效果，电灯、蜡烛的作用都是照明。所以当缺乏其中一种的时候，我们能够很容易地想到它们的替代品。类似联想记忆法起到的正是这种作用。

当看到圆形的物体，我们会联想起足球、篮球、乒乓球；看到圆柱体，我们能够联想到杯子、水管、卷纸。因为这些物品都有共性，同样的形状让我们联想到与之类似的物体。除了形状之外，类似联想记忆法还可以通过找到识记材料其他方面的共性来帮助我们进行记忆。

比如，古人在形容一个人的人品风貌时会说“谦谦君子，温润如玉”；在夸赞一个人品行高洁的时候会说“空谷幽兰”“出淤泥而不染，濯清涟而不妖”；在形容一个人意志坚定的时候会说“君子如竹，宁折不弯”或是“岂不罹凝寒，松柏有本性”；等等。这些其实都与类似联想有着千丝万缕的联系。古人在植物与君子之间找到了相似之处或共性，所以才会产生联想。

国内的一些学校曾经做过一项集中认字的实验，实验的对象是小学低年级的学生，实验的目标是在两年之内让这些小学生认识 2500 个汉字，实验的方法与一般老师所教授的方法不同。他们不是让学生一个字一个字地去记忆，而是将字形、字音相近，能互相引起联想的字编成组，如把“扬、肠、场、畅、汤”放在一起记，把“情、清、请、晴、睛”放在一起记。这样的分组极具特色，不仅每组汉字的右半部分相同，而且每组字的汉语拼音也存在共性，如前一组的汉语拼音尾音都是“ang”，后一组的汉语拼音尾音都是“ing”。这样学生们记忆的效率就变得非常高，仅用了一年多的时间，就超额完成了实验任务。有了如此大的词汇量，这些小学生阅读一般的书籍报纸不成问题。

这种识字方法其实正是运用了类似联想记忆法，记住其中一个词，就能联想起整组词汇，而且记得又快又好，不容易出错和发生混淆。

上学时，每个学生都会学到同义词和近义词。很多聪明的学生发现，当把一个词语的同义词或近义词放在一块进行记忆的时候，学习的效率会比单独记忆一个词语要高得多。比如，我们形容一个人的喜悦情绪时会使用“兴高采烈”“手舞足蹈”“欣喜若狂”“喜气洋洋”“欢天喜地”等。当我们对这些词进行联想记忆的时候，会比一个词一个词单独去记忆要容易得多，而且效果也比后者好很多。因为我们在记忆的过程中，大脑对这些识记材料进行了加工，寻找识记材料的同义词、近义词的过程就是分析、理解识记材料含义的过程。经过思维的加工，这些词汇在我们的脑海中已经留下了痕迹，我们再去记忆这些词汇的时候就会变得非常轻松。

当然，我们也可以将识记材料和自身所体验过的事物进行联系，比如，当我们感受到悲伤的情绪时，我们可以联想“悲痛欲绝”“痛心疾首”“心如刀割”“惨绝人寰”“郁郁寡欢”“痛不欲生”等具有悲伤含义的成语，以此来进行联想记忆。这样当我们感知和回忆与悲伤情绪相关的事情时，我们的大脑中就会不由自主地浮现出这些成语。

运用类似联想记忆法，可以通过一个事物进而联想到与之相似的另外一个事物，或是通过记忆素材联想起自己曾经体验过的事物。这样不仅能够更好地反映出事物之间的相似之处，还能够让我们在记忆的时候更加轻松、高效。

对比联想记忆法——强烈的反差更容易被记住

对比联想记忆法，指的是以识记材料之间具有的明显对立的特点为基础，进行联想记忆的一种方法。对比联想记忆法与类似联想记忆法相反，类似联想记忆法要求我们找到事物之间的共性、相似之处，加以记忆；而对比联想记忆法则需要我们找出事物之间的不同之处，或是相反之处，根据识记材料之间的差异性来掌握识记材料各自的特点，进而起到增强记忆的作用。

对比联想记忆法的关键在于对比。善用对比，能够让我们更好地发现事物之间的差异性。

美国摩根财团的创始人摩根并非一出生就拥有了惊人的财富，在他年轻的时候，他带着妻子来到了美国，刚踏上美国土地的他不过是个穷小子，为了谋生，他开了一家杂货铺，主营业务便是卖鸡蛋。摩根非常勤劳，每天早出晚归地推销自己的鸡蛋，希望多拿到几笔长期订单，可是尽管他如此努力，一天下来却仍然没有什么收益。相反，妻子推销鸡蛋的时候，拿到的订单却比他多得多，这让他非常苦恼。他不明白，同样优质的鸡蛋，为什么妻子能卖出去，自己却屡屡遭到拒绝？明明自己的鸡蛋比其他人卖的还要大一些，为什么顾客却总是不买自己的鸡蛋呢？

有一天，他再次遭到婉拒后，鼓起勇气问顾客："夫人，请恕我冒昧，我想知道原因，为什么您不愿意从我这里订购鸡蛋呢？"顾客说："因为你的鸡蛋太小了呀。"摩根疑惑不解地想：这怎么可能呢？我们明明都是在同一个地方批发的鸡蛋，我妻子和我卖的也是一样的鸡蛋，怎么没人抱怨说她推销的鸡蛋小呢？

他带着这个问题回到了家，妻子早在家里做好了饭，拉着他来到餐桌边，妻子的手纤小，整只手还没有他的手掌心大。摩根突发奇想，拿出同样大小的两枚鸡蛋，一枚放在妻子的手中，另一枚放到了自己手里，这么一对比，就发现了问题所在。原来是因为摩根的手太大了，宽大的手托着一枚鸡蛋，把鸡蛋衬得非常小；而妻子的手很小，所以鸡蛋在她手里看着很大。找到问题的答案之后他和妻子分工合作，让妻子负责在前台推销鸡蛋，而自己则负责批发鸡蛋，这样一来鸡蛋就好卖多了。

在这个基础上，他又想出了把鸡蛋放在小托盘里出售的方法，果然鸡蛋的销量开始稳步增长。摩根利用的正是对比的方法。

如果说类似联想记忆法相当于给识记材料找同义词，那么对比联想记忆法就相当于给识记材料找反义词。让我们在看到、听到或者想到某个事物的时候，随即就能联想起与之相对或是相反的事物。比如，想起快乐的时候我们能够随即联想到悲伤，想到长久的时候我们能很快联想到短暂，想到美好的梦想时我们很快能联想到残酷的现实。运用对比联想记忆法的时候，我们既能够分析出事物之间的共性，还能够找出其相对立的个性，便于我们认识、分析、理解和记忆事物。

我国的律诗讲究对仗，古代的文人就很好地将对比联想融入了自己的诗词或对联中，如在盛唐时期的著名诗人王维的名篇《使至塞上》中，“征蓬出汉塞，归雁入胡天。大漠孤烟直，长河落日圆”这两句就很好地运用了对比联想法。与之相似的还有“横眉冷对千夫指，俯首甘为孺子牛”“有缘千里来相会，无缘对面不相逢”，这些诗句都或多或少地用到了对比联想法。很多对联也是如此，如“青山有幸埋忠骨，白铁无辜铸佞臣”“太行之高，背而弗见；秋毫之末，视而可查”等。细想之下我们不难发现，这些诗句或对联我们只要记住上半句，下半句就能脱口而出。这正是因为对比联想记忆法发挥了作用。

从属联想记忆法——记忆也能拖家带口

小丽是一名刚刚步入大学的学生，十几岁的年纪正是爱美的时候，没有课时，宿舍的几个女孩总喜欢打扮自己，在脸上涂涂抹抹的，小丽看到了非常羡慕。但是由于之前没有接触过这方面的知识，她根本不清楚彩妆和护肤品的概念，同寝室的女孩看到她买的东西非常惊奇，问道："你都买了什么啊，这么一大堆！"小丽耸耸肩说："水、乳液，还有护肤品、眼线笔、粉底液和化妆品。"

几个女孩子听完笑起来说："你是不是根本分不清护肤品和化妆品啊？"小丽听完有些不好意思地说："这方面我不是太懂，就随便买了点。"几个女孩听了，热心地给她科普："护肤品是护肤品，化妆品是化妆品，这是两个概念。像你买的保湿水、乳液等属于护肤品，而你买的眼线笔、睫毛膏、散粉、粉底液属于化妆品。你别看我们整天涂涂抹抹，我们也只是在护肤，在化妆这方面我们是理论知识丰富，上手实践的话完全不行，你要是想学，倒是可以教你护肤。"

小丽立马摆出乖乖求教的姿态，舍友们七嘴八舌地说了起来，"我们平时只要涂水、乳、霜、隔离、防晒就好了，至于爽肤水跟保湿水、洁肤水其实差不多，都可以归类到"水"的概念中；润肤乳、保湿乳都属于乳液；霜也包括很多种，有面霜、精华霜、保湿霜、素颜霜等，具体还要看肤质适合哪一种……"

小丽听她们讲了之后，才知道自己弄错了水、乳、粉底液和护肤品、化妆品之间的关系，不过所幸也学到了护肤的知识，舍友们只说了一遍她便记清楚了，跟舍友的关系也比之前密切了很多。虽然闹出了笑话，但总归收获很多，小丽心满意足地拆起了自己的快递……

从属联想记忆法，指的是根据识记材料之间的从属关系将识记材料进行整合和联想记忆的一种方法。

从属，顾名思义，为服从、依附、附属，指的是一种事物包含在另外一种事物之中，比如，学生这个概念包含小学生、中学生、大学生等；中国这个概念包含北京、广东、福建等；动物包括脊椎动物和无脊椎动物，脊椎动物包括鱼类、鸟类、爬行类和哺乳类动物，哺乳类动物又包括斑马、豹子、狮子、羚羊、驯鹿、考拉；等等。

当一个识记材料和另外一个识记材料之间有从属关系的时候，我们就能够通过这种关系进行联想记忆。在分析识记材料的同时，我们也在思考和理解识记材料的特点，这样我们才能更好地将识记材料进行整合和归纳，形成较为完整的知识结构，便于我们学习和记忆。比如，在学习地理知识的时候，我们可以根据从属关系进行如下总结和归纳：总星系→银河系→太阳系→地月系；在学习文学知识的时候，我们可以总结出《淮南子》《山海经》等都是记载上古神话的著作；在学习历史知识的时候，我们可以从南京这个地点联想出一连串的知识点："南京大屠杀"、六朝古都、《南京条约》、太平天国定都南京、南京伪国民政府；等等。

如果我们善于联想，习惯运用从属联想记忆法进行记忆，那么我们学习和记忆起知识来无疑会取得事半功倍的效果。

聚散联想记忆法——把记忆素材作为思维的起点和终点

聚散联想，指的其实是两种方法，聚为汇集、聚合；散为分散、分开、发散。所以聚散联想记忆法既可以指通过运用聚合思维对识记材料进行联想，然后按照某种规律将其组合到一起的记忆方法，又能用来指运用发散思维对同一种识记材料进行思考和分析，从多个方面去联系识记材料本身的记忆方法。这两种记忆方法联合起来总称为“聚散联想记忆法”，聚合和分散是一个互逆的、相反的过程。聚散思维在我们的生活中非常常见。

在湖南卫视的综艺节目《快乐大本营》中有一个非常有趣的环节：找出谁是卧底。这个游戏是根据《捉鬼游戏》的二代升级版本改编而来，比拼的就是每个人的语言表述能力、想象力、思维能力和知识范围。

游戏中有卧底、法官、平民三种类型的角色，其中法官一名，卧底一名，平民多名。

以八人游戏为例：法官负责给剩余的七名玩家发牌，六张牌上写有同一词语，但另外一张牌上则是与之相关的另外一个词语。游戏之初，七名玩家不知道其他人的身份，更无法判定自己是否为卧底。在这个基础上，每个人轮流用一句话来描述自己所拿到的词语，但要尽量小心，给同伴暗示的同时，不能让卧底察觉。

当每个人都描述过一轮后，七名玩家一起投票，选出最可疑的卧底人选，得票最多的人被判出局，如果被判出局的人恰好是卧底，那么可以宣布本轮游戏结束；但如果被判出局的不是卧底，则游戏继续。如果两个玩家票数相同，那么剩余玩家将针对两个玩家进行投票，得票多的玩家出局。

当卧底成功掩饰了自己的身份，坚持到场上只剩下三个人时，卧底获胜，反之则平民获胜。

玩这个游戏需要注意的有四点：

1. 所出的两个词词性要相同，即同为名词、动词或形容词；

2. 两个词语不能是互相包含的关系，如家电和冰箱、水果和柚子、家具和桌子等；

3. 所出的词语不能是一个词语的两种叫法，如番茄和西红柿、桂圆和龙眼、孙悟空和孙行者等；

4. 在玩家描述自己牌上的词语时，必须描述得和牌上的词语有共性，不能为了掩饰自己的身份而说出与牌上词语毫无关联的话。比如，当平民词语为“贵妃醉酒”，卧底词语为“黛玉葬花”的时候，卧底不能说出“她和皇帝有一段姻缘”这种与“黛玉葬花”全然无关的话。

这个游戏其实就是运用了聚散联想的方式，同样一个词语可以有多种特性，各种与之相关的特性汇合起来，就形成了一个整体。

在学习知识的时候，我们可以运用聚散联想思维进行记忆，如在地理知识方面，当我们需要记忆关于赤道的知识时，通过整理和分析可以发现：赤道不仅是世界上最长的纬线，也是纬度最低的纬线，还是南北半球的分界线以及南北纬度划分的起始线，等等。而在学习文学知识方面，如记忆关于大诗人李白的相关知识时，通过分析和整理，我们能得到以下多种关于李白的信息：唐朝著名的浪漫主义诗人；有诗仙之称，是《静夜思》《蜀道难》《将进酒》《梦游天姥吟留别》《行路难》等千古名篇的作者；龙巾拭吐，御手调羹，贵妃捧砚，力士脱靴……这些都是诗仙李白这个人特有的事迹和特点。他既是我们分散联想思维的起点，又是聚合联想思维的终点。其他知识也能够通过聚散联想记忆法进行记忆。

当我们尝试着运用聚散联想思维进行记忆的时候，我们能够较为全面地分析记忆素材的特性，拓宽我们的思路，产生触类旁通、举一反三的效果，并加深我们的记忆。

因果联想记忆法——因果相循的记忆

世界上的各种事物之间都有着或多或少的关联，有的是并列关系，有的是从属关系，有的是递进关系，还有的是因果关系。联系紧密的，只要想到此事物，就能忆起彼事物；联系不太紧密的，就需要我们分析和整理，或者创建新的密切的关联。因果联想记忆法主要运用的就是事物之间的因果关系来进行联想和记忆。

在大多数人看来，因果并不是陌生的词汇。几乎人人都能说出一两句跟因果有关的俗语，如“种瓜得瓜，种豆得豆”“有风方起浪，无潮水自平”“乱麻必有头，事出必有因”“善恶到头终有报，只争来早与来迟”之类的话。因果，分开解析是原因和结果，当两者连起来说的时候，指的便是二者的关系。在古装情景喜剧《武林外传》中，闫妮所扮演的同福客栈掌柜佟湘玉有这么一段经典台词：“我错了，我真的错了，我从一开始就不应该嫁过来，如果我不嫁过来，我的夫君也不会死，如果我的夫君不死，我也不会沦落到这么一个伤心的地方，如果我不沦落到这么一个伤心的地方……”

佟湘玉说这些话其实就是在追寻事物的因果关系，她认为自己之所以会遭受当前的困境，是因为最开始“嫁过来”就是个错误。她认为当初没有种下这个错因，也许能过上更好的生活。她对自己之前经历的事情，尤其是导致她人生发生重大变故的事情记得格外清晰，这正是因果联想记忆法所起到的作用。

按照佛家的说法，世间万事，皆有因果。种善因得善果，种恶因得恶果。有因必有果，这是事物之间的规律。进入一个漆黑的房间，我们按下开关，随即会想到灯该亮了，如果灯没有亮，我们就会疑惑，不由自主地发问，难道停电了？看看邻居家灯火通明，我们就能排除错误的猜测，得出正确的结论——灯泡坏了。正因为灯泡坏了，才导致了“打开电灯开关，灯也没有亮”这个结果。

如果记忆也能按照因果关系展开，那么我们的记忆负担无疑会减轻很多。当我们需要记忆某些知识的时候，我们大可以尝试这种因果联想记忆法，利用识记材料之间的因果关系，从这个事物联想到另外一个事物上。当我们学习历史知识的时候，可以以某个史实作为出发点进行联想，如《辛丑条约》签订的原因是帝国主义列强激烈争夺和瓜分中国，造成了中国空前的民族危机，清政府向大英帝国、美利坚合众国、大日本帝国、俄罗斯帝国、法兰西第三共和国、德意志帝国等 11 个国家宣战。而义和团的扶清灭洋行动失败，清政府无力抵抗，被八国联军攻入北京，被迫向帝国主义求和，造成的直接结果是《辛丑条约》的签订，标志着当时的中国从此沦为半殖民地半封建社会。也正是因《辛丑条约》的签订，导致了帝国主义对中国的全面控制和掠夺。

也就是说一件事情的产生必然有其原因，而这件事本身又导致了某些结果，这个结果也是导致另外一件事情发生的原因，如此循环下去，便能在记忆中形成“原因→结果（原因）→结果”的思维链。当我们习惯运用因果联想记忆法将这些知识点根据因果关系串联起来时，我们记忆起知识来就会轻松许多。

形象联想记忆法——形象思维的妙用

前文中我们提到一首名叫《雪地里的小画家》的歌谣：“下雪啦，下雪啦！雪地里来了一群小画家。小鸡画竹叶，小狗画梅花，小鸭画枫叶，小马画月牙。不用颜料不用笔，几步就成一幅画。青蛙为什么没参加？它在洞里睡着啦。”这短短的一首歌谣中不仅运用了歌诀记忆法，还运用了形象联想记忆法，对小动物们的“足迹”进行形象联想，将小鸡的爪印联想成竹叶、将小狗的足印联想成梅花……这样一来小朋友很容易就能记住小动物的特点。

“形象”一词最早仅指人的面貌形状，后来也指事物的外部特征。在中国的绘画艺术中，讲究形似、神似和意境，要的是形神兼备，抓住事物的特征进行刻画，形成了独特的东方艺术风格。而从心理学的角度来说，形象指的是人们通过自己的视觉、听觉、触觉等感觉器官接触事物，并在大脑中形成固定的整体印象。简言之，就是人们对事物的感知。形象虽然并非事物本身，却能够代表事物。

形象联想从很早之前就已经被人类使用，中国的象形文字就与形象联想有着千丝万缕的关系，如甲骨文中的“月”字就如夏日天边悬挂的一轮弯月；“马”字则看上去像有着四蹄和马鬃的马；“鱼”字也非常形象，甚至能够看出鱼头、鱼尾和鱼鳞；“人”字也能够看出来就是一个直立的人；“日”字是一个圆中间一个点……象形文字无疑准确地提炼出了事物的外形特征，通过文字的线条和笔画，具体地勾画出来，作为该事物的代表。

形象联想有助于激发学生的兴趣，提高学生的联想能力，充分调动他们的学习积极性，对记忆知识来说更是极其有利的。所以，很多学生在记忆知识的时候会走一些捷径，这个捷径便是形象联想。比如，在学习知识的时候会对记忆素材进行形象联想。幼儿园的老师在教小朋友记忆数字的时候，会教一首数字歌：“1 像筷子来吃饭，2 像鸭子水中游，3 像耳朵听声音，4 像小旗随风飘，5 像秤钩称东西，6 像豆芽开心笑，7 像镰刀割麦子，8 像两个小圈圈，9 像蝌蚪小尾巴，0 像鸡蛋做蛋糕。”这样一来，孩子们很快就能记住这些数字。在学习其他知识的时候，同样可以利用形象联想的方式进行记忆，如在看地图的时候，学生只要记住中国的版图像只大公鸡、意大利的轮廓图像只高跟靴子，进行联想，就能很快记住。

奇特联想记忆法——将平凡的事物变得光怪陆离

我们小的时候，总是容易被各种各样的神话故事吸引，如东方神话故事中炼石补天、抟土造人的女娲，被砍去首级仍然能以乳为目、以脐为口、操干戚以舞的刑天，大闹天宫的孙悟空，三头六臂的哪吒……而对西方的神话传说我们也有着极大的兴趣，如吸血鬼，月圆之夜就会变身的狼人，对视一眼就能把人变成石像的蛇发女巫美杜莎，等等。我们不难发现，这些神话都有着同样的特征：违背常理、违背逻辑、与平凡的事物有着莫大的区别，所以我们会对这些事物异常感兴趣。越是奇特、光怪陆离的事物，越容易吸引我们的注意力，给我们留下深刻的印象。

生活中，可能有这样的情况：一群人走在街头，一眼望过去，大家的穿衣打扮都差不多。但如果其中有一两个人穿了“汉服”“cosplay 服”或者“lolita（洛丽塔）服”，我们就会不由自主地记住他们，因为他们的打扮与众不同，在普通人眼里是非常奇特的。因为奇特，所以很容易给人留下较为深刻的印象。

我们每天所见的琐碎、司空见惯之小事，一般都记不住。而听到或见到的一些稀奇古怪的、丑恶的、惊人的、带有低级趣味的不同寻常之事，却能够清楚记得并长期记忆。也就是说，日常生活中、平凡的、琐碎的、司空见惯的事物我们很难记住，然而那些奇特的、荒谬的、夸张的事物却总能够让我们念念不忘。

奇特联想记忆法的关键在于奇特和联想，将普通的、常见的事物在大脑中进行加工，化平凡为神奇，这样就能产生出人意料的效果。

在微情书征文大赛中，香港中文大学学生戴畅的作品《你还在我身旁》获得了一等奖，这首诗也赢得了众多网友的一致好评。全诗如下：

瀑布的水逆流而上，
蒲公英种子从远处飘回，聚成伞的模样，
太阳从西边升起，落向东方。

子弹退回枪膛，

运动员回到起跑线上，

我交回录取通知书，忘了十年寒窗。

厨房里飘来饭菜的香，

你把我的卷子签好名字，

关掉电视，帮我把书包背上。

你还在我身旁。

这首诗其实就运用了奇特联想的方式，瀑布的水当然不会逆流而上，太阳也不会从西方升起落向东方，打出去的子弹更不会退回枪膛。这些发生过的事情不可能再回到发生之前的状态。但就是这样动态的、清晰的、奇特的、贴近自我又违背逻辑的联想，牢牢吸引着我们的注意力，在我们的脑海中留下了深刻的印象。让我们对这样一首淳朴真挚却又充满了奇思妙想的诗赞不绝口。

奇特联想记忆法正是利用了这个原理来帮助我们进行记忆。在视觉、听觉、嗅觉、触觉等感觉器官感受的基础上加入夸张的联想，将平凡的、毫无特色的事物通过大脑的联想进行夸张处理，甚至可以联想成违背常理的事物，帮助我们进行记忆。这样我们就会在不知不觉中留下深刻的印象，记忆起来也就变得非常轻松。

在使用奇特联想记忆法的时候，我们需要注意四个要素：清晰性、夸张性、贴近性和运动性。

清晰性指的是在我们运用奇特联想记忆法的时候，所联想的事物一定要清楚、明白，不能似是而非。联想的时候尽量把细节都想象出来，比如，当我们联想一把刀的形象时，可以把刀柄上的雕花、刀刃上的凛冽寒光和刀尖的血一并联想出来，而不是只笼统地联想出一把刀。

夸张性指的是我们联想事物时一定要新奇、可笑、夸张，甚至可以是离奇古怪的。这样才能给我们带来强烈的刺激，留下深刻的印象。

贴近性指的是在我们联想事物的时候，应该尽量地和自己贴近，最好与自己产生密切的关联。这样才能够让自己完全置身于联想的形象之中，从主观的角度去感受和记忆。

运动性指的是让我们联想的事物呈现运动状态，如上文诗中的“蒲公英种子从远处飘回，聚成伞的模样；运动员回到起跑线上”等。当我们所联想的事物处于运动状态时，就显得更加生动有趣。

Chapter 4

让记忆变得鲜活起来

强化印象——色彩记忆法

一般来说，我们认识世界的主要方式是需要通过身体的各个感知器官去和世界上的各种事物进行接触，那么在视觉、听觉、嗅觉、触觉等感觉中，尤为重要的也最具直观性的是视觉。换言之，我们需要通过眼睛去接触、认识和了解这个世界中的大部分事物。

不同的事物有着不同的特征，也许是外形不同，也许是成分构造不同，也许是所起到的作用不同。每个事物都有着不同的色彩：蔚蓝的天空、洁白的云朵，青翠欲滴的竹林、火一样燃烧的枫叶……每个事物都有自己独特的色彩，正是这些缤纷多彩的颜色，让我们更好地去认识和了解世界上各种各样的事物。

科学研究发现，婴儿在出生时，对颜色还不是很敏感，能看到的只是黑、白两色，在5～6个月的时候会逐渐建立起对色彩的感知，这时孩子就迎来了视觉的色彩期，对彩色特别敏感。在2岁的时候，孩子已经对这个五彩斑斓的世界充满了好奇。但是最初孩子的大脑中并没有颜色的概念，所以需要家长进行培养。市面上不乏各种各样的婴儿教育读本，教孩子识别颜色的色卡册子更是常见。当孩子建立起对色彩的感知时，家长们就开始教孩子去识别颜色，最初只是拿出正红色、正黄色、正蓝色、正绿色教孩子进行识别，虽然孩子未必能够随之叫出颜色的名称，但是他们却能够很快地记住各种颜色，并在接到指令时准确地找出相应的颜色。

相比单调乏味的文字，色彩无疑是更具魅力和容易记忆的。不同的颜色所带给人的感受也是不同的，红色是一种能够给人带来强烈刺激的颜色，想起红色我们会联想到“熊熊燃烧的火焰”“胸膛激荡的热血”“迎风招展的红旗”等。红色作为一种暖色调，给人以大胆、热烈的感觉，使人的情绪兴奋、活泼，但它也容易让人情绪紧张，增强我们的心理压力。所以很多警示符号都会用显眼的红色。

蓝色则让人想到“一望无垠的辽阔天空”“无边无际的大海”等，蓝色作为一种冷色调，能使人头脑清醒，安抚我们情绪上的躁动不安，使我们的内心获得平静。绿色可以让人联想到“葱郁苍翠的森林”“一碧千里的大草原”等，绿色同样是冷色调，它是一种带着蓬勃生机的颜色，能够消除人的精神疲劳和消极情绪，让我们的内心安定下来。黄色让人联想到“温暖的阳光”“麦田里金黄的麦浪”等，作为一种暖色调，给人以温暖的感觉，能够促进人们的情绪稳定……

日本的畅销书作家、心理咨询师石井贵士在自己的著作《1 分钟超强记忆法》中指出：“记忆的窍门在于善用色彩活化右脑。”心理学家们研究了众多的颜色与人们注意力、记忆力之间的关系，发现冷、暖色调对人的情绪有着不同的影响，相比之下，暖色调更能吸引人的注意力，引起人们兴奋、紧张的情绪，提高人们的记忆力；而冷色调则能够调节人的精神状态，缓解烦躁的情绪，同样有利于人们进行记忆。

最新的研究结果证明：暖色调中的红色、黄色和冷色调中的蓝色、绿色这四种颜色能够帮助人们更有效率地记住信息。利用这四种颜色进行记忆，就是著名的“四色右脑记忆法”。

首先是红色，我们都知道红色是一种极其醒目的颜色，老师们批改卷子多用红色笔，小孩子也知道“红灯停，绿灯行，黄灯亮了等一等”。而在古代，也有很多人在蒙受极大的冤屈时，用自己的鲜血写成诉状、遗书、决心书等。警示标志牌也多用红色，红色这个颜色本身就有警示、禁止的含义。当我们记忆的时候，把需要重点记忆的识记材料用红笔圈出来，我们的注意力很容易就会被其吸引，在这个基础上加以记忆。久而久之，自然看一眼就知道其内容是什么。

绿色可以用来圈点那些需要短暂的时间来反应的内容，用来记忆那些自己记得不甚清晰的文字和内容。黄色可以用来记忆那些虽然在记忆中留有些许痕迹，但是“知其然不知其所以然”的内容。蓝色可以用来记忆那些新奇的、给我们以新鲜体验和感悟的内容。

而这个顺序恰好与心理学中的记忆阶段接轨，能够使记忆效率达到最高。而且有别于黑白的彩色，更能吸引人的注意力，引起人的兴趣，为枯燥的学业增添一丝乐趣。需要注意的是，颜色不可过多，否则缤纷多彩的颜色看得时间长了，难免会引起视觉疲劳，让人无心学业，反而使学习和记忆的效率大打折扣。

看图说话——图像记忆法

吴昊和任承是两名高中生，因为文化课成绩不太理想，两个人便一起报了编导的艺术班。记忆和背诵一直以来都不是两个人的强项，谁知道这次编导老师竟然布置了一个任务，说是根据几个词语编故事，词语有“星星、猩猩、熔岩、珍珠、桌子、树、黄山……”吴昊一看这些零碎的词语，不由得一个头两个大，别说他不擅长编故事了，就连老师给的这几个词语他都很难全部记住，不是忘了这个，就是忘了那个。

吴昊本来想去任承那里找找共鸣，谁知道任承竟然已经开始编故事了，这让吴昊不由得惊奇，他问："这些词你是怎么记住的？"任承说："我原来也记不住，可是刚才三班的同学教给我一个办法，就是把这些词语组成一幅画面，这些词语要相互关联起来，这样不容易漏。把它们都包含在画面中，我只需要记住这个图像就好了。你也试试。"

吴昊采取了任承的建议，把老师给的词语组成了一幅相互关联的图像：夜晚，悬崖底下是炽烈的熔岩，悬崖上长着一棵树，树下有张桌子，猩猩坐在桌子上凝望夜空，天上的星星让它想起了深海里的珍珠……这个画面牢牢地刻在了吴昊的脑海中，果然他很快就记住了这些词语。

图像记忆法，又叫右脑图像记忆法，是目前最符合人类大脑运作模式的一种记忆方法。这种记忆方法能够帮助人们在极其有限的时间内记住很多枯燥无趣、毫无规律可言的数字，而且这种记忆并非瞬时记忆，能够在脑海中停留七八天。结合艾宾浩斯遗忘曲线进行适当的复习，能够达到终身记忆的目的。

我们的大脑每天都接收到各种各样的信息，其中不可忽视的一种就是视觉信息，视觉传递给大脑的是图像，大脑像照相机一样，将这些图像定格为记忆。图像既是记忆的一种形式，又是记忆的连接媒介。当我们回想的时候，能够迅速地回想出当时的画面、颜色、动作，甚至当时的声音等，这便是成功的联结，它在我们的记忆过程中起到了非常重要的作用。

例如，当我们回想起"鸟"的时候，我们的脑海中会出现很多图像，有的是黄鹂站在树枝上鸣叫的姿态，有的是白鹤展翅的姿态，还有的是燕子衔着春泥穿柳而过的画面。这些画面生动、鲜活，带着大自然的气息，充满了闲情逸趣。因为我们之前见过这种画面，视觉将信息传递到大脑，在大脑中备了份，当我们再次回想的时候，这些画面会不受我们控制，自己跳出来。不经意的画面却能够在我们的记忆中留下深刻的印象，这便是图像记忆法的奥妙之处。

记忆并非是单独存在的个体，背诵一首简单的诗，我们会不由自主地想到儿时父母教我们念这首诗的场景，因为这首诗和这个画面是相互联系的。我们要做的就是将所学习的知识和所需要记忆的素材进行加工，把抽象的信息处理成形象的图像，把单调的数字或晦涩难懂的词语加工成画面，有效地利用图像记忆法来帮助记忆。

图像记忆法包括以下三步：

第一步是将记忆素材进行分类，比如，名词分为一类，动词分为一类，形容词分为一类。把具体的词和抽象的词分开，具体的词有电脑、盆栽、公交车等，都是我们能够直接联想为图像的信息。而“知识”“时间”“友谊”之类的抽象词就需要我们开动脑筋进行联想，将这些词语转化为形象贴切的画面。例如，时间可以联想为一个钟表，知识可以联想为一本厚厚的书，友谊则是两只握在一起的手或是两个揽着肩膀的人。

第二步是将图像进行整理，如电脑、盆栽、公交车、知识、时间、友谊等，是互不相干的几个词语，即便处理成图像也是毫无关联的。这就需要我们的大脑进行简单的整理和加工，想象成相互联系的画面。电脑的壁纸上有一辆公交车，车上放着一本书，一个盆栽正好压在书上，盆栽的右下角显示着时间，车顶上坐着两个手拉手的小姑娘，她们正惬意地吹着风……这样一来，所有的记忆对象都包含在一个画面之中，各个对象之间也有了密切的关联，不容易被遗漏。

第三步则是将图像联结起来并进行大胆的想象。因为很多识记材料是没有关联的，即便转化为图像也很容易出现漏记的情况，如“公交车”“电脑”“知识”这三个词语是毫无关联的，可是如果我们利用夸张的想象将这些图像联结在一起：男人把公交车缩小放进口袋，把书放在电脑桌前，电脑忽然自己张开嘴把书吃了进去，然后自动开机了……一幅新奇却充满了趣味的画面就这样呈现在我们的脑海之中，只怕我们一时间想忘记也不是件容易的事情。

当这些词语相互之间产生了关联时，就会在我们的大脑中留下深刻的印象，达到帮助记忆的目的。

记忆回放——“过电影”式记忆法

花花在幼儿园里上课有一阵子了，可是每次爸爸妈妈问她学了什么，她总也答不上来，爸爸急得给幼儿园的老师打了电话。老师却说，花花学习很认真，上课专心听讲，讲的内容她也都能理解，背诵起来非常流畅。老师甚至还给花花爸爸发了一段花花背诵歌谣的视频，果然很流畅。爸爸心里更纳闷了，为什么在幼儿园里花花都能够背出来，到家却什么也答不上来呢？花花却不管爸爸的这些烦恼，坐在电视机前专心地看《少年英雄小哪吒》。

花花看完这一集，扑到妈妈怀里说：“妈妈怎么办，哪吒被冤枉了！”爸爸看她这么小的人竟然会为了动画人物忧心，不由得感觉好笑，问道：“哪吒是怎么被冤枉的？”花花将缘由一字一句地讲了出来，甚至连前边的剧情都记得清清楚楚。爸爸见状，灵机一动：“花花，今天爸爸把你送到幼儿园之后你都做了什么，能跟爸爸说说吗？”花花想了想说：“老师带我们做操。”说着竟然扭了起来，嘴里还念着“1、2、3、4，2、2、3、4……”

爸爸没有打断她，等花花做完了早操，她继续说：“老师让我们唱昨天教的歌谣《有礼貌的好宝宝》：好宝宝，有礼貌，进园就叫‘老师早’，回家叫声‘妈妈好’，大家都说宝宝好。老师今天还教了……”爸爸见花花把一天学的内容都回忆得差不多了，得意地冲妈妈眨眨眼睛，两个人都为花花的聪明鼓起了掌。

过电影式记忆法，其实就是一种复习方法，是对经历过的事情的一种复习。举个最直观的例子，在大型古装电视连续剧《那年花开月正圆》中，周莹沉塘后被周父救上来，处于昏迷状态时，做了一个梦，梦里的画面是黑白的，一群丫鬟、小厮围着周莹和吴聘，周莹在中间手脚麻利地踢毽子，吴聘在笑……整个画面虽然没有声音，却依旧生动真切，这就是过电影。周莹所梦见的正是曾经发生的事情，在不知不觉中，周莹把它们牢牢地记在了脑海之中。

过电影说白了就是电视剧中用滥的情节“记忆回放”。记忆回放不仅能对前集的重要剧情进行提示，频繁的播放还可以起到拖时长的作用。可是电视剧是有进度条的，想看哪里看哪里，不想看了随时可以快进，但我们脑海中的过电影却不能这样。这些记忆是大脑自发形成的记忆，也就是说，我们并没有刻意地去记，但这些画面依然在我们的脑海中留下了痕迹，属于无意识的记忆。那么，我们就可以利用这种方式来帮助我们记忆需要记忆的内容。

比如，在学习的时候，也许我们已经是全神贯注地在学，但学习的成果却不太乐观。这时候我们就可以利用过电影式记忆法来进行复习和记忆，晚上睡觉前，我们可以将一天所学的知识进行梳理，通过记忆回放在脑海中重现某个学习过程，仔细回忆自己当时在什么样的内容下画了一道红线，哪些地方是重点，老师在哪个知识点上说了什么样的话，等等。通过这种方式对已经学过的知识进行复习，在进一步消化和吸收这些知识的同时，不断地加深记忆、强化记忆。

如果有什么地方想不起来，出现思路中断的状况，我们还可以通过一些轻松的画面，如“老师讲了个笑话”“同学出糗”等提醒自己，通过联想这些画面将自己重新拉回到电影情节中去。我们还可以在脑海中记忆中断的地方做一个标志，因为这是我们记忆薄弱的地方，需要在第二天进行重点复习，以免出现遗忘的现象。

比喻记忆法——生动形象的记忆

比喻记忆法指的是将识记对象运用修辞学中的比喻方法进行处理，使之变得生动、形象和具体，使我们记忆起来更加轻松高效，提高学习和记忆的效率。

在认识世界和学习知识的过程中，我们总要学到很多新的内容，有的内容我们可以直观地观察，但是另外一些内容却不是我们可以亲眼所见的。在地理知识中，我们会学到地球的内部结构，接触到地壳、地幔、地核这三个名词。这是组成地球的三个部分，也是我们没有见过的、很难想象出来的内容，那么我们应该怎么去理解呢？可以用比喻的修辞手法，把地球比作一个鸡蛋，而地壳、地幔、地核分别是鸡蛋的外壳、蛋白和蛋黄。鸡蛋是日常生活中司空见惯的事物，生的鸡蛋、熟的鸡蛋我们见过太多了，因此不难想象。如此一联系，我们就能很容易理解地壳、地幔、地核的概念。记忆起来也不会出现混淆的情况。

比喻还能够将平凡的事物转化为另外一种新奇罕见的事物，如唐朝诗人白居易的《暮江吟》中写道："一道残阳铺水中，半江瑟瑟半江红。可怜九月初三夜，露似真珠月似弓。"在这首诗中，白居易就用了比喻的修辞手法，将细而弯的上弦月比作一张弓，把草叶上细密的露珠比作闪耀的珍珠。这种比喻是最基础的，比喻的本体和喻体之间存在着形状的相似性，很容易联想到一起，还有的比喻能够巧妙地抓住事物的特征，富有趣味性，让人一见难忘。

明朝著名的大学者解缙从小就是个神童，年纪轻轻却才名远扬，很多人因此不服，颇为嫉妒，其中包括很多达官显贵。有一次，告老还乡的李尚书宴请几个达官显贵并当场作诗，派人叫解缙前来应对，想借这个机会狠狠奚落解缙一番。

李尚书给解缙出了一个上联："墙上芦苇，头重脚轻根底浅"，让解缙来对。这个上联看似说的是芦苇的生长状态，实际上却一语双关，用来暗喻解缙，说他犹如这墙上生长的芦苇，只会随风摇摆，四处附和，根本无法长久生存。

聪明过人的解缙自然能领会其中真意，但他也不是省油的灯，平白无故被骂自然要以眼还眼，以牙还牙。于是，他出口对道："山间竹笋，嘴尖皮厚腹中空。"同样是双关，同样是暗喻，这位官员把解缙比作墙上芦苇，解缙就将他比作竹笋，牙尖嘴利皮厚，实际上徒有虚名，并无真才实学，只会摇头晃脑，夸夸其谈。

这样一副对仗工整、寓意深刻的对联运用了形象贴切的比喻，让人一眼便能发现其中包含的敏捷才思，百读不厌。

很多文学作品运用了比喻的修辞手法之后，不但增添了趣味性，还能让人轻松记忆，如"欲把西湖比西子，淡妆浓抹总相宜""不知细叶谁裁出，二月春风似剪刀""湖光秋月两相和，潭面无风镜未磨。遥望洞庭山水翠，白银盘里一青螺"等，无不是运用巧思，将抽象化为具体，将平淡变得生动，帮助我们在脑海中留下深刻的印象。

比喻记忆法与类似联想记忆法有着相通之处，都能以此喻彼，将未知的事物变成已知。但类似联想记忆法的识记范围要更广泛，所需要的技巧也更多，比喻记忆法相对来说就简单一些。只要我们用比喻的方法处理识记对象的时候，语言生动贴切，比喻时新颖巧妙，将陌生的事物变成熟悉的事物，将抽象的事物具体化，将深奥的事物浅显化，就能留下难以忘怀的印象。不过，比喻的时候如果能够充满趣味性，就更好了，当内容新奇、充满趣味的时候，很容易就能引发我们的思考，记忆起来自然易如反掌。

情景记忆法——记忆停在了老地方

相信很多人都看过情景喜剧，只要出现某个特定的场景，就能够回忆起情景喜剧中的人物。比如，看到“同福客栈”的画面时，就能够想起来《武林外传》中的几个主要人物：心地善良、抠门至极的掌柜佟湘玉，善于轻功和点穴、胆小如鼠的白展堂，饱读诗书、屡试不中的吕秀才，喜欢打抱不平、遇事冲动不计后果的郭芙蓉……只要一看到这个场景，他们笑闹的样子就会不由自主地在我们的脑海中浮现，这就是情景记忆。

情景记忆指的是以时间和空间为坐标，对个人在某个固定的时间段以及某个地点亲身经历的某件事的记忆。简言之，就是看到了相应的情景，就会回想起与之相关的经验。

我们可能有这样的经历：走到某个路口的时候莫名地觉得熟悉；听到某首歌的时候即便不知道歌名，也会不自觉地跟着哼唱出来；不经意吃到某种美食，却觉得这种口感并不陌生；看书的时候猛然意识到书里的情节似曾相识；明明不认识的人却觉得很面熟……

很多人曾因为这种突如其来的熟悉感而困惑不已，其实我们大可不必担忧，我们之所以对一些之前似乎从未见过的人、事、物感到熟悉，是因为我们之前确实曾经见到过，却不曾留心。虽然我们自己漫不经心，大脑却无差别地将这些信息储存起来，平时不会放出来打扰我们的思绪，可一旦再次回到某个熟悉的场景中，与之相关的回忆就会从脑海中悠然浮现。

我们觉得熟悉的路口也许是很久之前路过的；我们听着能哼出来的歌也许是之前听过的；吃到的口感不算陌生的美食，也许很久之前就品尝过；看到的熟悉的情节，也许是因为之前就已经看过这本书；见到的面熟却不认识的人，或许与我们有过一面之缘，只是彼此从未搭过话。

情景记忆属于远事记忆的范畴，它能在人的大脑中保留很久。一个人小时候经历过一场车祸，虽然他不是车祸的亲历者，只是在附近听到刺耳的刹车声，随后听到大人的叫喊和孩子的哭号，看到混乱奔跑的人群，本能地感到害怕。这件事从此就在他的脑海中留下了极为深刻的印象，不管他长到多大，只要这种刹车声响起，当时混乱的场面就会在他的脑海中浮现，他仍然会不由自主地产生恐惧的心理。这有点类似于“一朝被蛇咬，十年怕井绳”，但也正是这样的记忆才能够让我们最大限度地趋利避害，保障我们的生命安全。

伟大的物理学家和数学家牛顿曾经经历过一场火灾，这场大火恰好烧着了他向阳的书房。这场火灾令他失去了很多宝贵的论文稿件，他感到非常痛心，但是不管他怎么调查，也无法弄清楚当初究竟为什么会起火。因为仆人说没有人走进他的屋子里，也就是说，火是自己烧起来的，这就更奇怪了！牛顿记得自己明明吹灭了蜡烛，也没有在桌子上放镜片之类的东西，桌子上只有一块普通玻璃板，怎么会着火呢？

这个问题困扰了他足足两年，才被他找到答案。那是一个普通的周末早晨，牛顿和往常一样去洗脸，洗脸的时候他看了一眼镜子，脸上的水珠顺着脸颊滑下来，这时他的脑海中忽然浮现出发生火灾那天的情景。那天，他同样是在洗脸池旁洗脸，看镜子的时候脸上同样挂着水珠，不同的是，当时他的脑海中突然闪过一丝灵感，为了抓住这点灵感，他连脸都没顾上擦，就直接进入书房，在书桌前将灵感记录下来之后，他才用毛巾擦干脸和手，离开了书房。

原来正是当时滴在玻璃片上的水珠，起到了透镜的作用，经过阳光的照射在书稿上聚成了焦点，点燃了书稿，引起火灾。

如果不是在相同的情景之下，也许牛顿永远回想不起当时造成火灾的原因。

细心的人会发现，情景记忆法与前文说过的过电影式记忆法有着相似之处。诚然，两者都需要回忆当时的情景，但不同的是，过电影式记忆法依靠的是对情景的记忆，除非在想不起来的情况下，才会回到记忆的场景之中，仅仅在脑海中回忆的话，不需要回到特定的记忆场景中。

而情景记忆法不同，是因为回忆不起来，所以才需要回到相同的环境中去刺激大脑，唤醒记忆。所以我们会看到电视剧中帮助失忆的人找回记忆的其中一种方法就是让他回到自己原来经常居住的环境之中。而日常生活中，当我们忘记什么东西的时候，也可以采用情景记忆法，回到相同的环境之中，利用相同的情景刺激和唤醒记忆。

环环相扣——连锁记忆法

连锁记忆法指的是将需要记忆的多种素材像锁链一样串联起来，一环紧扣着一环，环环相连。记忆素材被连接在一起，从而被准确而完整地记录下来，达到忆一牵百的效果。

随着年龄和阅历的增加，我们需要记忆的事物越来越多，而很多知识相互之间是没有什么必然联系的，用死记硬背的方式记忆难免会让我们浪费大量的时间和精力。这时候我们就需要找一些捷径，将本来毫无关联的记忆素材加工成环环相扣的记忆锁链，达到快速记忆的效果。

那么，如何加工呢？自然少不了联想。用联想的方法把枯燥的记忆素材变得生动形象、便于记忆。当然如果仅仅有联想的话，就和奇特联想记忆法没有什么区别了，连锁记忆法是在奇特联想记忆法的基础上进行再次加工，使记忆素材形成记忆锁链，将不同的知识串在一起，便于记忆。

连锁记忆法是一种结合了联想的、较为系统化的记忆方法，也是在短时间内快速记住一长串信息的方法。连锁记忆法操作起来有几个基本的步骤，其一就是进行奇特联想，发挥自己的想象力，把记忆素材想象成具体的图案，而且这个图案必须和下一个记忆素材有关联，这样才便于我们将记忆素材衔接起来，有点像我国古代的回文诗。

连锁记忆法的关键就在于连锁，使记忆素材环环相扣，所以我们在对记忆素材进行联想加工的时候尤其需要注意：记忆素材一定得是两两相连的，而且连接的时候所用到的是同一幅图像。

举例来说，如果我们想要记忆春风、柳树、天鹅、水桶、微笑这些词语，首先我们可以进行联想："春风吹拂过湖岸，岸边柳树抽出嫩绿的枝条，柳树下几只天鹅正在啄着鲜嫩的柳叶。饲养员拎着食盆敲了敲，天鹅很快游到饲养员身边吃食，一只天鹅还将脖颈伸到水桶中喝水。饲养员等到天鹅们吃饱喝足之后，提着水桶站在湖中小岛上，欣赏天鹅交颈的美景，春风拂过他的发丝，他的脸上露出了满足的微笑……"

根据这种方法进行学习，就能够把很多互不相干的事物串联在一起，只要想到其中一件，就能够顺藤摸瓜想到其他事情，记得又快又牢固，而且不容易遗忘。

争论记忆法——有争执记得更清晰

思想交流的方式有很多种，其中让人记忆最深刻的无疑是争论。这里的争论指的并非是争吵、冲突，而是针对所学的知识或者围绕同一件事的不同观点进行争论、探讨。《庄子·人间世》中说："德荡乎名，知出乎争。"意思便是智慧出于争论。俗话说："鼓不敲不响，理不辩不明。"争论能够使我们的思维更加清晰。

在争论的时候，我们必然会阐述自己的观点，但我们的观点就一定是正确的吗？古语有云："圣人千虑，必有一失；愚人千虑，必有一得。"每个人的所见所学都有其局限性，难免会有不足之处，但当局者迷，如果没有其他人跟我们争论，我们很难发现自己观点中的错误之处。

争论的时候他人会质疑我们的观点，受到质疑的同时，我们自己也会不断地思考，并针对自己的观点进行深入的考证和全面的分析，从不同的角度去深化我们对这个观点的认识和理解，找出观点中错误的部分进行纠正。而且，在争论的同时，正确的观点会得到认可，这无疑加深了我们的记忆。争论也使我们的观点更为准确和全面，更能够让人信服。

在争论的时候我们每个人几乎是全身心投入进去，情绪高涨、精神紧绷，注意力也高度集中。所以争论的每个重点，甚至是微小的细节都很容易被我们印刻在脑海之中，形成深刻的记忆。和他人争论的时候，他人的观点能够帮助我们拓展知识面，拓宽视野，还能够暴露出我们知识结构中相对薄弱的环节，这也为我们的学习指出了一个明确的方向。

古往今来的很多名人在学习的时候，都是通过交流和争论来集思广益，丰富自己的知识，增长见识。争论记忆法便是利用了这些特点，来强化我们的记忆。

所以在很多情况下，我们能够使用争论记忆法来使自己记得更为迅速和轻松。在使用争论记忆法的时候，我们需要注意几个细节。

1. 明确自己的目的

争论是为了辨明是非，树立正确的观点，纠正错误的观点，而不是为了斗气。如果为了一时之气争得面红耳赤、风度全无，或是为了出风头信口胡说、蒙骗他人，便违背了争论的初衷。争论也无法起到积极的作用，只能给我们徒添烦恼。

2. 端正自己的态度

多数情况下的争论会有正确和错误的看法之分，否则争论也就不必继续下去了。争论本身就是要平等地容纳各种不同的见解，当他人见解不对的时候，我们也应该保持友好交流的态度，指出对方的错误。同样，当他人指出我们的错误时，我们也应该正视自己的错误，而不是固执己见，甚至迁怒对方。

3. 使用正确的方法

争论的时候一定要紧扣当前的论题，讨论一个问题的时候就事论事，不能跑题，更不能攻击对方。在争论的同时注意独立思考，接纳他人意见的同时也要有自己的观点，不能做左右摇摆的墙头草。

争论记忆法能够帮助我们检测自身的知识掌握度，帮助我们更为理性、辩证和全面地去思考问题。当我们的观点被驳斥的时候，我们会幡然悔悟，谨记这次辩论；当他人认可了我们的观点时，我们也坚定了自己的观点，深化了记忆。所以无论最后争论的结果如何，都能够在我们的记忆中留下浓墨重彩的一笔。

分点串联记忆法——将零碎的记忆串成线

小雪在学历史的时候正好学到了春秋战国时期的历史，老师将春秋五霸："齐桓公、宋襄公、晋文公、秦穆公、楚庄王"和战国七雄："齐国、楚国、韩国、燕国、赵国、魏国、秦国"画为重点，要求学生们最好熟记这两个知识点。这可把小雪给难为坏了，什么宋襄公、秦穆公，看着都眼花缭乱，战国七雄就更不用说了！她除了最后一统天下的秦国记得住，别的国家都记不住。而且她发现，自己记忆的时候总是容易记混，不是把宋襄公记成齐襄公，就是把魏国记成晋国。这可把她难住了，背了大半个早自习，也没背下来。

小雪的同桌琳琳见状说："你怎么还在背啊，有这么难吗？历史老师上课的时候不是教给我们诀窍了吗？"小雪一头雾水地说："记历史知识还有诀窍？"琳琳说："一看你上课就没有认真听。老师不是在黑板上写了吗？要想记住春秋五霸，你就背诵'近闻（晋文）齐桓采松香（宋襄），锯断秦木（秦穆）留楚桩（楚庄）'。战国七雄就更简单了，直接背诵谐音'七叔含烟找围巾（齐楚韩燕赵魏秦）'。这么一来好玩又好记，你试试。"小雪读了几遍，果然很快就将这两个知识点记住了。

历史老师教的方法，其实就是分点串联记忆法，把知识点的重点找出来，穿成一串，随后进行再次加工，最终达到便于记忆的目的。这跟远古时代的结绳记事有着异曲同工之妙。

在远古时代，人们尚未发明出数字和文字来，当他们有需要记录的信息时，该如何记录呢？他们想到了一个好方法——结绳记事。遇到大事，就用绳子挽成一个大结；发生了小事，就用绳子挽成一个小的结，不同材质、不同颜色的绳结分别代表着不同的事物，只要看到某个绳结，就能够想起来与之相应的事情。如此一来就方便了很多。

串联记忆法普遍运用于各种知识的学习中，如记忆文学常识中的四书和五经——《孟子》《论语》《大学》《中庸》以及《诗》《书》《礼》《易》《春秋》时，我们可以串联记忆为"四叔猛抡大钟，武警诗里存遗书"。在记忆地理知识中的东亚五国：中国、朝鲜、韩国、日本、蒙古时，可记作"终日寒潮猛"等。

在分点串联记忆法中，分点串联的点就如同一根绳子，绳结就好比一个个进行过思维加工的记忆素材。这种思维加工的方法可以是谐音法也可以是联想法，只要能够把记忆素材加工得生动形象，就便于我们将零碎散乱的记忆素材串联到一起，进行集中记忆。

宫殿记忆法——搭建记忆宫殿

宫殿记忆法，又叫罗马室记忆法、影像记忆法、轨迹记忆法。这种记忆方法因起源于古罗马而得名，但根据记录来看，这种记忆方法真正的源头是古希腊。

传说中诗人西蒙尼德斯是一个博学强记的人才，有一次他受到邀请，在一次盛宴上进行朗诵表演。在名流聚会的大厅中，西蒙尼德斯饱含热情地朗诵了一首赞美卡斯托尔和波拉克斯两位神的抒情诗。

随后他被人叫了出去，但就在他走出大厅的一刹那，大厅的屋顶忽然发生了坍塌，厅里的人都被压在残破沉重的建筑材料之下，从主人到宾客没有一个人能够幸免于难。尸体被砸得血肉模糊，死者的家属即便想要收殓尸体，也没有办法分清楚哪一具尸体才是自己遇难的亲人。

这时有官员找到了西蒙尼德斯，询问他是否记得其中一小部分人，并且希望他能够为死者家属确认尸体提供一点帮助。

出乎意料的是，西蒙尼德斯重新回到宴会厅现场的时候，竟然根据死者们在大厅内所坐的位置把宴会厅中的尸体一一辨认了出来。原来他竟然将进入大厅之后的所见全部记了下来，这是何等惊人的记忆力！而西蒙尼德斯所使用的记忆方法正是罗马室记忆法的前身。

古罗马人在古希腊人的基础上发明了罗马室记忆法。古罗马的演说家西塞罗就拥有同样惊人的记忆力，传说他和人辩论的时候从来不用看笔记，只要看到座位上的装饰品和桌子上的摆设，就能够想起自己的关键论点，引经据典完全不成问题，甚至还能够背诵出相关的数据来证实自己的观点。

宫殿记忆法也曾出现在侦探类的电视剧中，在英国侦探剧《神探夏洛克》中就有宫殿记忆法的身影：神探夏洛克有一座规模宏大的记忆宫殿，也可以叫作思维地图，他在自己的思维地图中绘制地点，然后把记忆储存到某个地点。这个地点甚至不必是真实的地点，可以是任何场所，如一条街道，一栋房子，等等。这样一来，他就永远不会忘记，因为他只要一进入自己的记忆宫殿，找到准确的路径，就能够找回之前存储的记忆。

这样看来，宫殿记忆法似乎非常高端，但宫殿记忆法的原理其实就是将记忆素材和我们已知的、熟悉的东西做一个联结。比如，把记忆素材和我们日常生活中常见的事物联系起来，这样一来，我们只要一见到这个事物，就能够想起与之相关的记忆素材。只要我们理解了宫殿记忆法的记忆原理，它就可以变得平易近人，为我们所用。

宫殿记忆法的操作步骤非常简单，首先我们要选择自己的记忆宫殿。这座记忆宫殿最好是我们日常生活中经常见到的、比较熟悉的场所。因为经常见到的、熟悉的事物才不容易被我们遗忘，比如，我们自己的家、我们的办公室、我们每天上班和回家的固定路线等，都可以作为我们的记忆宫殿。

如果我们将每天上班的固定路线作为记忆宫殿，那么我们会依次看到路口的公交站牌、街角的超市、第一个红绿灯、高架桥下的涵洞、立着巨大广告牌的街角、第二个红绿灯、第一个快速公交站牌、第一个地铁入口……我们需要给这些典型的事物编上号码，然后将记忆素材和这些事物一一连接起来，越具体的事物就越方便我们对记忆素材进行存储。存储好之后，我们需要在大脑中按照我们日常的行进路线进行记忆，只要我们的记忆路径没有错误，就不会出现记错或漏记的情况。

此外还要注意管理记忆素材，同一个地方不要放太多的记忆内容，相似的物体之间只选其中一个作为存储记忆的地点——记忆桩，这样不容易出现混乱的状况。依次放置好自己的记忆素材，然后按照记忆路径的行进顺序熟记每一个我们储存记忆的地点。如果担心遗忘，那么我们可以在记忆桩的附近增添一些特殊的符号。比如，如果想记住一台电脑，我们可以在记忆桩上放一个电脑的图标；如果想记住一个甜点屋，我们可以在记忆桩中添加一个蛋糕的符号；等等，这样便于我们进行记忆管理。

构建好记忆宫殿之后，我们要经常使用它，对它进行扩充，这样我们才能够记住更多的内容。对记忆宫殿的使用也是对之前记住的内容的一种复习，避免我们因长期不复习而出现遗忘的现象。

路径记忆法——将记忆关联到现实中去

路径记忆法指的是将我们需要记忆的事物放置在我们非常熟悉的道路上。这个放置并非是真的需要我们拿着记忆素材放到某条路上，而是要在思维中使记忆内容与道路上的各种事物产生关联。这样我们只要路过或者想到这条道路上的某个事物，便能够回忆起相应的记忆内容。这么看来，路径记忆法似乎和宫殿记忆法没有什么差别，实则不然，两者虽然原理相似，但在实际操作时还是有着明显差别的。

路径记忆法的路径不是虚拟的，必须是我们日常生活中经常见到并产生了一定感情的道路，才能够做我们的记忆路径。这个路径可以是我们小区外的一条街，也可以是公司附近的美食街，环境应该是比较安静的，便于我们思考和记忆。

我们要将需要记忆的素材列出一个清单，这个清单可以是复杂的事物，也可以是简单的事物。我们以购物清单为记忆素材，以某条我们熟悉的街道作为例子，看一下路径记忆法是如何运作的。

首先，我们要想想街道上都有什么，一条街道上包含的事物有很多，我们可以选取道路中的一小截：如把街道上的一家 24 小时便利超市作为起点，顺着便利超市往前走，依次是早点铺子、理发店、邮箱、宠物店、干洗店、雕塑、花店、五金店、婴幼儿游泳馆、大梧桐树、甜点屋、网吧、烧烤店、公交站牌、美食店、汽车清洗店、冷饮店、陶艺馆、书店，还有街角的水果店等。将整条街的状况准确地回忆起来之后，我们还要尽可能地选择具有特色的、充满趣味的、能够让我们轻易想起的店铺作为路径中的记忆桩，如陶艺馆比五金店更能让我们产生兴趣，有趣的路旁雕像比默默无闻的邮箱更容易被我们记住。

其次，我们需要在合适的距离之内选择事物作为记忆桩，一般来说 1 ~ 9 米的距离是两个记忆桩之间的最佳距离，离得太近代表着我们要记住的内容更多，记忆的内容难免会互相干扰，这就给我们的记忆增加了负担。而且维持在这个距离之内，只要我们从这个记忆桩往前走上几步，很快就能到达另外一个记忆桩，便于我们进行记忆。

除此之外，要注意避免相像事物的干扰，如烧烤店和美食店意思相近，最好不要把两者都选作记忆桩；路边随意停放的共享单车也有着极大的不稳定性，不适合作为我们的记忆桩。

在选择记忆桩的时候我们应该选择正常视角内的，不要将脚下的地砖、天上的飞机或飞鸟当作记忆桩。因为我们不可能每次走到街上的时候都低头或者抬头，飞机和小鸟也不可能每次都恰好经过我们的头顶。选择正常视角可见的事物保证了稳定性，更方便我们去记忆。

选定了合适的记忆桩之后，就需要我们结合购物清单上的东西进行联想了，尽量将购物清单上需要记忆的内容和街道上的店铺联系起来，如可以将便利超市和便利贴联系在一起，将理发店和要买的洗发水联系在一起，将沐浴露和游泳馆联系在一起……

这样一来，我们走这条路的时候能够想起相应的记忆内容，将暂时性记忆转变为持续性记忆，日复一日地重复之后，就能够将持续性记忆转变为长期记忆。如此一来，在行走之间记忆内容便得到了巩固，相比死记硬背，的确为我们的记忆大大减轻了负担。

奇像顺序记忆法——将静态转化为动态

心理学和神经学的研究表明，人的大脑有着详细的分工，惯于用左脑思考问题的人常常更具有逻辑性，在记忆一些逻辑性较强的关联事物时会更加得心应手；而惯用右脑思考问题的人较为感性，记一些夸张的、刺激的、毫无逻辑的事物比较容易。这是因为左右脑的分工不同，左脑负责语言、概念、数字、分析、逻辑推理等功能，右脑则负责书写、情绪、音乐、绘画、空间几何、想象、综合等功能。

相对来说，我们的左脑更擅长逻辑性、条理性的思维，而右脑则在形象思维上有着不可取代的优势。所以当右脑型思维者接触到夸张的或者是色彩明艳的、能给人带来极大刺激的事物时，超乎寻常的感官体验给脑细胞带来了剧烈的兴奋感，在大脑中留下鲜明的印象，记忆也因此初步形成。

由于人们的左右脑发展是不平衡的，所以每个人所拥有的天赋也不尽相同，左脑发达的人容易理解和掌握数学和语言，右脑发达的人则更擅长表达情感和欣赏艺术。

尽管左右脑发育程度不同，但在日常生活中，我们认识、学习、思考和记忆事物都是需要左右脑合作才能够完成。奇像顺序记忆法就是集合了左右脑优势的一种记忆方法，使用这种方法记忆时，既要用到左脑的逻辑思维，又要用到右脑的形象思维。

奇像顺序记忆法其实也是联想记忆法的一种，在我们的生活中属于较为常见的一种记忆法。它的记忆原理跟奇特联想记忆法有些相似，都需要经过联想的加工，将枯燥乏味的记忆内容加工为奇特、夸张、能给人以强烈刺激的事物。但奇像顺序记忆法相比奇特联想记忆法多了一个要求，那便是顺序关联，也就是说，所联想的画面可以光怪陆离，可以怪诞诡异，可以生动形象，甚至可以毫无逻辑性，但是一定要保证这些记忆内容之间有必然的顺序关联，不能是分崩离析、毫无瓜葛的。

奇像顺序记忆法具体的操作方法和众多需要联想的记忆法相同，第一步就是要整理和分析识记材料，整理之后找出静态化的事物，并对其进行联想，使之更加生动形象，便于记忆。我们可以把平面的事物联想成立体化的，比如，我们记“火车”这个词语的时候效果远没有记忆一辆鸣着笛、向我们开来的火车那么好。所以我们记忆的时候不妨先进行联想，将名词做动态化处理。

记忆“火车、果汁、水杯、扑克牌、盆栽、精灵”等词语时，我们可以进行如下联想：铁轨上火车正平稳地行进着，某节车厢里，桌子上盛着果汁的杯子莫名其妙地倒了，一名乘客连忙去扶起果汁杯，却不小心碰倒了水杯，水杯里的水洒出来，迅速将桌子上散落的扑克牌浸湿了，乘客手忙脚乱地去整理桌子上的贵重物品，这时水顺着桌子的边缘滴了下去，恰好浇灌了桌子下的盆栽，干渴的盆栽瞬间恢复了生机，它抖了抖自己的叶子，将细小的水珠洒到这出好戏的始作俑者——精灵身上，并脱落一片叶子，送给精灵，对它施法浇灌自己的举动表示感谢。

奇像顺序记忆法的联想遵循了顺序关联的原理，各个记忆素材都是相互串联到一起的，而不是彼此间毫无关系。

在联想的时候，我们同样可以对记忆素材进行夸张的处理，如火柴盒大小的火车正运着巨大的盛着果汁的水杯，被抢走了果汁的扑克牌国王正率领着一群小扑克牌兵，骑着不断生长枝叶的盆栽追赶全速前进的火车，飞在天上的精灵看到这滑稽的一幕乐得“哈哈”大笑……

在联想的过程中，我们可以尽量夸大事物或者缩小事物，也能够增添和减少事物，而我们的联想都是为了记忆而服务，只要能让我们更方便、更准确地去记忆，多荒诞离奇、给人带来强烈刺激的联想都可以。我们要注意的只是将我们所幻想的场景串到一起，可以超脱现实，但是要有一定的逻辑关系，这样我们才能由这个记忆素材联想到下一个记忆素材，再由下一个记忆素材联想到下下个记忆素材……如此才能在短时间内记住更多毫无关联的内容。

情境记忆法——赋予记忆以感情

情境记忆法是一种在某些既定环境条件中进行记忆的方法。情境记忆指的是对自己在某个时空中亲身经历的某件事的记忆，也就是说，我们在某个时间节点、某个空间中所经历的一件事情，会在我们的脑海中留下或深或浅的印象，平时我们也许根本就回想不起来，但当我们回到这个情境之中，或回想起这个情境的时候，就很容易回忆起在这个情境中曾经发生过的事。

前文我们说过，记忆是有感情色彩的，强烈的情绪体验能够给我们的大脑带来强烈的刺激，让我们的记忆更加深刻。情境记忆法的原理与之有着相同之处，我们赋予记忆以情感，是为了便于记忆，那么相应地，我们在学习和记忆的时候营造出一种适合学习和记忆的氛围、情境，也能够取得同样的效果。

在教育学中有一个名词叫教学情境，指的就是老师在授课过程中营造的一种适合学习的氛围，能够让学生在短时间内进入学习状态。我们可以发现，每所学校的建筑类型是大致相同的，一般都配备：食堂、寝室、卫生间、操场、教室，等等，而每间教室里的布置和设施也都是排列整齐的课桌、椅子、讲台、黑板等。虽然略显单调，但学生们进入教室，听到上课铃声，就会自觉地坐到自己的位置上，调整精神状态，将注意力集中起来，老老实实地翻开书本，准备开始上课，学习的积极性也随之调动起来，这就是教学情境的魅力。

相信经历过高中生涯的人都有这样的体验：高一、高二班级下课时的气氛尚轻松愉悦，有说有笑，而一旦步入高三，整个年级的气氛都变得非常严肃。下课时，学生们连大声喧哗的都很少，大多是趴在桌子上闭目养神，偶尔也有些同学站起来走走、喝口水，和关系不错的同学凑到一起聊上一两句，还有的学生则是争分夺秒地翻开下堂课的课本，预习功课。有时，低年级的学生在走廊上打闹，但经过高三的班级门前，却会不由自主地保持安静，连步伐都轻了很多，疾走几步，赶快离开，生怕打扰了高三学长、学姐们的安宁。这种现象产生的原因是他们受到了严肃、紧迫学习氛围的影响。

我们会在环境的潜移默化中自动做出调整和改变，情境记忆法正是利用了这个特点，让人在环境的影响下进行记忆。古时候就有孟母三迁的故事，为了将儿子培养成才，孟母不惜三度搬迁，直到找到了一个良好的学习环境，才安顿下来，可谓用心良苦。著名的思想家、教育家孔子也曾说过：“不愤不启，不悱不发，举一隅不以三隅反，则不复也。”这段话除了肯定启发的重要性之外，还指出了教学情境的重要性：如果学生没有融入教学情境之中，那么教师的授课努力也与“填鸭”无异，不但无法将学生的积极性和主动性调动起来，也不利于学生的思维能力的发展。而当学生融入教学情境之中时，他们便会自觉地集中注意力，全神贯注地汲取知识。

很多学生虽然平时不好好学习，但是一到考试的时候，也会不由自主地拿起课本，针对知识重点背诵起来。因为他们遇到了紧张的状况，严肃的环境为他们营造了一种紧迫感，在这种紧张情绪的促进之下，他们会忍不住翻出书本，努力记住更多的知识，以便在考场上发挥作用。

所以如果我们想要记忆知识的话，不妨给自己营造出相应的气氛，帮助我们把注意力集中起来，同时调动自身的积极性，主动记忆和学习。而且在情境之中对突出记忆内容的特殊性有着很大的帮助，能够促进我们产生记忆兴奋点，加深记忆内容在我们大脑中留下的印象。

触觉记忆法——摸得到的记忆

铭铭和小区里的几个小朋友在楼下小花园里玩耍，他们玩的游戏叫作《猜猜刚才谁经过》。铭铭被琳琳用眼罩蒙住眼睛，坐在石凳上，其他小朋友则在一边嘻嘻哈哈地排好了队。琳琳叫道：“游戏开始。”排在队首的晓晓走上前，琳琳说：“一只小狗过去了。”晓晓连忙学着小狗“汪汪汪”地叫了两声。然后琳琳又说：“一只小猫过去了。”跟在晓晓后边的齐齐连忙学小猫叫道：“喵喵喵。”随后经过的是小海，琳琳说：“一只小羊过去了。”小海也学小羊叫了两声：“咩咩”……

小区里坐着闲聊的几个老人瞧着有趣，也不东拉西扯了，都盯着几个认真玩游戏的小孩看起来。铭铭的奶奶看了一阵儿，疑惑地问道：“光听声音能猜到是谁吗？”晓晓奶奶说道：“你瞧着吧，这些孩子聪明着呢。”

很快铭铭就叫了停，学老虎叫的洋洋站在原地等着，蒙住眼睛的铭铭被琳琳牵着站起来走到洋洋面前。琳琳引着铭铭的手，铭铭摸了摸洋洋的脸，又摸了摸洋洋的衣服和手，说道：“我猜到了，是洋洋！”拉开眼罩，果然猜对了。几个小朋友继续做游戏。几个老太太笑得合不拢嘴。

铭铭奶奶看得惊讶极了，晚上拉着铭铭问道：“乖孩子，你是怎么猜到的啊？”铭铭说：“摸着不一样啊，晓晓身上穿的是条蕾丝裙子，一摸就摸出来了；齐齐的脸软软的，很好捏；小海的头发短得扎手，身上穿的还是牛仔衣；洋洋的脸很有弹性，手背上还有小肉坑……”听得奶奶连声称奇，想不到玩这么一个小游戏，竟然还要注意这么多的细节，可让她这个老人家大开眼界了。

在这个游戏中，我们日常生活中不可缺少的视觉器官不发挥作用，而是依靠其他感官。以触觉为主，听觉、嗅觉等为辅，摸到、听到和闻到之后再做出判断。那么我们会有这样一个疑问：我们为什么会记住摸过的东西呢？触觉是否也有记忆？

在电影《明亮的星》中，济慈说：“触觉也有记忆留存。”这并非谬论，事实上，凡是能够被人主观感知到的事物都会形成记忆，触觉记忆也是人类感官记忆中的一种。唐代药王孙思邈为长孙皇后悬丝诊脉，靠的就是敏感的触觉，通过一根特殊的丝线感受病人的脉搏，并以此来判断身体是否健康。孙思邈之所以能够判断出长孙皇后的病情，就是因为他有着丰富的触觉记忆。这正是将触觉记忆进行了最大限度利用的一个典型例子。

日常生活中，我们习惯了用眼睛去认识世界，所以常常忽略触觉，其实触觉在我们的生活中是不可或缺的。我们偶尔会遭遇视觉发挥不了作用的状况，这种情况下不得不凭借双手去触摸物体，比如，在停电的屋子中摸到蜡烛、火柴或者打火机、手电等。能在黑暗中准确地找出这些东西，正是因为触觉记忆在发挥作用。

很多综艺节目喜欢请明星嘉宾做游戏，其中有一个较为有趣的游戏叫《黑箱摸物》。台上摆出一个个箱子，这种箱子是特制的，只有面向观众的那一面是透明的，其他几面全部是不透明的。箱子里放入各种各样的东西，有的是毛茸茸的制品，有的是活物，让嘉宾强忍着恐惧，用手去触摸箱子里的东西，然后根据触觉和经验、知识等多方面的信息来推测箱子里的东西是什么。有的东西嘉宾能够准确地猜出来，有的东西嘉宾却是绞尽脑汁也猜不到。为什么明明看不见的东西却能够猜出来呢？就是因为触觉记忆在起作用。

我们记忆事物并不是只依靠大脑，从发现事物、认识事物到记住事物的整个过程，每个感觉器官都在发挥其作用，触觉只不过是其中的一个环节。触觉在某些情况下不但能够代替视觉和听觉，对记忆来说也有一定的辅助作用。我们在触摸不同的物体时，会因为所触摸物体的不同而产生不同的感受，接触水的时候，会感觉指尖凉凉的、湿湿的、很舒服；触摸棉花的时候则是软软的；抓起刚出锅的馒头时，手会因为被烫到而疼痛；摸到小猫、小狗的皮毛，会感觉软软的、热热的；把手伸到疾驰的车窗外，会感觉一股凉意从指缝间穿梭而过……

不同的材料给我们的触觉感受器带来的体验也不同，正因为这些多种多样的材料带给我们的各种各样的刺激，留下了丰富的触觉记忆。

国外的研究人员做过一个关于触觉记忆的实验：

他们找来82名大学生，分为三个小组，让这些学生依次受到视觉、听觉、触觉的刺激，每种刺激持续五秒钟。视觉刺激是给他们播放无声的视频，如海底潜游；听觉刺激是播放一些日常生活中的声音，如鸣笛声、狗叫声；触觉刺激则是让大学生们触摸一些实体，如杯子、苹果，等等。等到这些大学生分别看过、听过和触摸过60种东西之后，再分别让他们体验另外60种刺激，这60种刺激中有30种是全新的事物，另外30种则是他们之前体验过的。第一组在感受过60种刺激的当天再次感受，第二组则在两天之后再体验另外60种刺激，第三组的再次体验时间定在一周后。每让他们体验过一种刺激，都会询问他们，这个物品之前是接触过，还是不曾接触过。

实验的结果证明，随着时间间隔的增加，人们对实验物品的识别能力会大幅度下降，对听觉刺激的识记准确度远低于视觉刺激和触觉刺激，对视觉刺激与触觉刺激的识记水平不分上下。也就是说，人的触觉记忆绝不逊于视觉记忆。所以，当我们想要对某些具备实体的事物进行记忆的时候，不妨试试触觉记忆法。我们不需要刻意记忆，只需要去触摸、去感受，这样在不知不觉的情况下就能够记住，而且记得又快又牢固。

Chapter 5

快速记忆的基础方法

聚少成多——分段记忆法

如果问学生最怕的是什么，答案中无疑会有“背诵全文”这个选项。要知道在很多学生的求学生涯中，背诵全文的要求简直是噩梦。虽然一篇文章不过几百字，但是真要背诵起全文，只怕很多学生会苦不堪言地抱怨：“这也太多了，怎么背啊？”有的学生先通读课文，熟读之后再进行整篇课文的背诵，一遍一遍地重复，直到背会。然而很多学生会在背到一半的时候忘记后边的内容，愁眉苦脸地把书丢到一边，没有信心继续背下去。还有一些学生较聪明，在背诵全篇课文的时候会先将课文进行分段，一段一段地进行背诵，记住一段再背下一段，积少成多，最后把所有背诵过的段落连在一起。这种方法也需要大量的重复，但它明显比一上来就囫囵地背诵全篇要容易得多。

背诵同一首诗，两个学生的不同做法得到了截然不同的结果。

高中生肖磊和张悦都学了白居易的《长恨歌》，全诗大约1000字，是课本中最长的一首诗了。肖磊用的就是囫囵吞枣、背诵全文的方法，一次次地重复。可是读了很多遍之后，还是背下了上文忘记了下文。一次次的忘记终于把他的耐心消耗殆尽，他愤然把书扔到了一边，放弃背诵了。

张悦却没有盲目地直接背诵全文，而是在通读全诗之后，给这首诗进行了分段。第一段就叫入宫受宠，从“汉皇重色思倾国”到“不重生男重生女”；

第二段是动乱发生，从“骊宫高处入青云”到“夜雨闻铃肠断声”；第三段是回宫怀念，从“天旋地转回龙驭”到“魂魄不曾入梦来”；第四段则是作法招魂寻求寄托，从“临邛道士鸿都客”到“此恨绵绵无绝期”。分完段之后，张悦还怕分段太长不好背，给每个段又分了很多小节，这样背诵起来果然轻松很多。由于她已经总结了每个段落的大意，所以也没有出现背错的情况，很快就把整首诗记住了。

张悦所使用的正是分段记忆法。分段记忆法指的是将需要记忆的内容分成一个个小段落去逐个记忆。很多学生用过这种方法，尤其在背诵长篇课文的时候，这种方法非常有效。

心理学家做过一个关于记忆的实验，实验的结果表明，一个人平均一次能记忆的单词或数字为七个。我们一次性记忆的东西越多，就越不容易记住，因为这不符合记忆的规律。这也正应了中国的一句俗话：“饭要一口一口吃，路要一步一步走。”

分段记忆法恰好印证了这个道理。要知道一口是吃不成胖子的，让我们一下子就记住 100 句话既不容易也不现实，但是一次仅仅记住一句或几句话可就简单多了。所以，很多时候我们需要用到分段记忆法。

当我们执意对全部记忆内容进行整体记忆的时候，不但记不住，反而会把我们的耐心一点一点消磨掉，打击我们记忆和学习的热情，进而导致我们对自己的记忆水平失去信心。但分段之后就不一样了，我们进行分段的过程就等于在化整为零，化难为易。

将大篇幅的记忆内容分成若干个段落，如果还是不好背诵，就将这些段落再细分为一个个小段落，分段的过程中，我们也在对记忆内容进行理解和分析，这无疑是在无形之中加深我们的记忆。所以当我们记忆一个个小段落时就更加得心应手。记得越多，带给我们的喜悦和自信就越多，当我们的情绪和记忆的积极性被充分调动起来，有了战胜困难的自信时，记忆的效率自然就提高了。

双管齐下——多通道记忆法

在教室上课的时候，张乐的一颗心总也定不下来，时不时就要往窗外看上几眼。春天来了，窗外的树抽出了新叶子，小鸟不时地飞落在树枝和窗台上，冷清的操场也热闹起来。有的时候是天上的风筝飞到了他的视线范围内，有的时候是一架飞机从天上飞过去，甚至窗外飘过一大片云彩，也能让他流连半天，虽然身子好好地坐在椅子上，但心早就飞到外边去了。老师看他走神，把他叫起来回答问题，张乐紧张得不知所措，他连老师刚才问的是什么都没听见。

旁边的同学小声说："选C。"于是他连忙回答"选C"，话音刚落，同学们哄堂大笑，张乐脸涨得通红。等老师说完，他才知道，老师刚才问的根本就不是选择题。老师叹口气说道："身在曹营心在汉，我刚才讲的什么你知道吗？"张乐羞愧地摇摇头，老师接着说："你虽然坐在这里，但眼睛却不往书上看，也没听讲，更没用心学习，这样怎么能学到东西呢？你站着上课吧，别再走神了。"张乐经过老师的教育，终于定了定心，开始拿起课本跟着老师学习。

在古书《学记》中有一个名句："学无当于五官，五官不得不治。"这句话的意思是，我们在学习和记忆的时候，如果没有调动五官参与这个过程，那么我们既学不好，也记不住。宋代学者、教育家朱熹的想法与此不谋而合，他曾倡导读书要三到：“谓心到、眼到、口到。心不在此，则眼不看仔细，心眼既不专一，却只漫浪诵读，决不能记，记亦不能久也。三到之中，心到最急，心既到矣，眼、口岂不到乎。”

很多教师在自己的教学生涯中也总结出了与之相关的经验，所以我们常常能听到老师这样教育我们：“学习的时候不能只动嘴不动脑子”“别光竖着耳朵听，你们得记在脑子里，省得左耳听右耳冒”“好记性不如烂笔头，动笔写下来”等。老师们要求学生学习的时候不仅要用眼睛去看，还要用耳朵去听、嘴巴去读、手去写、脑子去思考，这些谆谆教导其实正是在教学生用多通道的方法去学习和记忆知识。

众所周知，在认识和了解这个世界的过程中，我们需要身体各个部位的配合，我们需要用眼睛看到物体的形状、颜色；用双手触摸物体，感受它们的材质、软硬程度、温度；用鼻子嗅到物体的气味；用舌头品尝食物的口感；用耳朵听美妙或嘈杂的声音……我们的大脑接收信息的渠道有很多：视觉、嗅觉、听觉、触觉等。那么，我们是否能够利用这么多的渠道进行记忆呢？答案是“完全可以”。上文我们说到可以依靠触觉去记忆事物，我们同样可以用听觉、嗅觉、味觉来对一部分事物进行记忆。我们也可以调动多种感官一起为记忆活动努力，这种多感官一起介入记忆的方法就叫作多通道记忆法。

科学研究发现：从视觉器官中获得的知识，人们仅能够记住其中的25%；而从听觉器官中获得的知识，人们仅能够记住其中的15%；但是如果我们将这两种器官结合起来进行记忆，既看又听，那么我们能记住其中的65%。也就是说，多通道记忆法远比单通道记忆法能记住更多的知识。

所以在记忆的时候，我们可以将听、说、读、写、思考有机地结合起来，调动众多的感觉器官共同努力，这样我们记住的内容才会更多。

先入为主——第一印象记忆法

小璟是个水果狂人，几乎每种时令水果她都喜欢，每次回家的路上她都会买水果，家里几乎没有断过水果，连很多人闻不惯的榴梿她也吃得津津有味。但是有一种水果她却从来没有买过，那就是甜瓜，她的家人和朋友都觉得奇怪，为什么甜瓜这样香甜可口的水果却不受小璟的喜欢呢？

原来，小璟第一次吃甜瓜是在邻居家，邻居家的小朋友把甜瓜切块后，使坏把带着把的那一小块甜瓜递给了她，小璟本以为入口的瓜应该是甜丝丝的，可没想到一口咬下去，苦得她一张小脸都皱了起来，吃了一口之后便找借口回家去了，没吃完的甜瓜也被她随手丢掉了。从此以后，无论爸爸妈妈怎么劝她，她都不肯再吃上一口，在小璟的认知中，甜瓜就和苦、难吃的概念画上了等号，她再也不愿意用那种苦涩的味道去"荼毒"自己的味蕾。每次看到超市里的甜瓜，她脑子里瞬间就冒出"苦涩""难吃"的印象，然后远远地躲开。

小璟这样的水果狂人对甜瓜避之唯恐不及，这正是因为第一印象在发挥作用。在心理学上有一个名词叫作首因效应，由美国的心理学家洛钦斯提出，又被称为首次效应、第一印象效应、优先效应等。指的是在人与人交往时，双方第一次见到彼此时留下的印象会影响今后的交往关系，比如，我们走在街头向陌生人问路时，看到凶神恶煞、满脸不愉快的人会下意识地避开，因为潜意识里觉得这个人脾气差、不容易接近；而见到慈眉善目、笑容满面的人，我们会在潜意识里认为对方脾气温和，容易接近。虽然这种先入为主的印象并不一定正确，却能够在我们的记忆中留下鲜明、牢固的痕迹。事实上，我们的记忆同样有着先入为主的特点，首次感知对记忆来说尤为重要。

第一印象记忆法正是利用首因效应的原理来进行记忆的一种方法。我们在第一次接触之前从来没有接触过的事物时，总是充满了好奇和求知欲，迫切地想要了解这种新鲜的事物。而正是对新鲜事物的兴趣，让我们留下了较为深刻的第一印象。而且这种第一印象不需要重复，也能够在我们的记忆中长期保持下去，甚至形成永久记忆。

那么，我们如何利用第一印象记忆法来增强记忆效果呢？首先，我们对初次接触的事物要进行细致的观察，发现事物的特征，这样在我们的大脑之中就会尽可能多地储存观察得到的信息。

其次，我们要对事物保持高度的注意，全神贯注地去感知事物，我们对它们投入的注意力越多，记忆就越深刻。如果我们只是漫不经心地对待事物，是无法让这个事物在记忆中留下深刻印象的。

再次，对所观察的事物，我们要投入极大的热情。德国的心理学家艾宾浩斯说过这样一句话："保持和再现，在很大程度上依赖于有关的心理活动第一次出现时注意和兴趣的强度。在第一次生动鲜明的经验之后，被烫伤了的儿童见了火会躲避，挨了打的狗见了鞭子就逃。"也就是说，在初次接触事物时，我们的兴趣越大，热情越高，就越能够让我们不由自主地投入更多的注意力，如此一来也就越能在记忆中留下深刻的印记。所以在初次接触事物的时候，我们一定要有高度的热情。

最后，便是突出事物的特点。大量事实证明，越是新奇的、罕见的事物，越能够在我们的记忆中留下深刻的印象。我们只需让事物的特点凸显出来，大脑受到足够的刺激，自然会在记忆中烙下深深的印记。

首尾呼应——头尾记忆法

早自习的课堂上，赵铭自觉地拿起英语课本开始背单词，背诵了整整一个

早上，到第二节上英语课，英语老师用默写单词的方法检测他们的背诵成果时，赵铭却发现，自己早上背过的单词一个个都和他玩起了“捉迷藏”。只有早上背诵的前三个单词、最后两个单词，还有中间背诵的两个简单的单词被他默写出来，其他单词不是没记住，就是记错了。这让他非常沮丧，觉得自己一个早晨的时间全部浪费了。

发了一阵愁之后赵铭开始思考，除中间那几个简单易记的单词之外，他默写出来的几个单词的拼写都很复杂，有的甚至比中间单词的拼写长多了，为什么自己记不住中间的简单单词，却能把前几个和最后两个较为复杂的单词记住呢？这种情况是偶然发生的吗？

带着这种疑惑，第二天早自习，赵铭再次尝试了一遍。不过这次他没有从昨天早上记住的三个单词开始背诵，而是把昨天记住的单词全部移出背诵列表，从第四个单词开始背。结果到了上课默写单词的时候，他发现自己仍然只记住了前几个和最后几个单词，一连几个早上都是这种状况。赵铭顿时开悟了，他虽然不知道为什么自己只能记住首尾几个单词，但是他却利用这种规律，改变了自己以往按部就班的背诵方法，把需要重点记忆的单词放在首尾两个位置，把需要复习的单词放到中间位置。如此一来，他既能够记住新单词，又复习了之前背诵的老单词，词汇量逐渐增多了。

赵铭所使用的这种方法就是头尾记忆法，我们在学习的时候也会遇到这种情况，中间的记不住，最开始和最后的内容反而很容易记住。这恰好符合心理学上的首尾效应，首尾效应是心理学上的一个发现：大量的实验证明，人们倾向于记住最开始和末尾的事情，而对中间的事情则记忆力较为薄弱。

美国的心理学家荷蒲兰德博士的实验恰好印证了这个发现：他找来一些志愿者，以 12 个单词作为一组让志愿者进行记忆。结果每个志愿者都牢牢地记住了第1个单词、第2个单词和第12个单词，而从第2个单词往后，志愿者们记错的概率大大增加，尤其是排在第七、八位的单词错误率最高。也就是说，我们在记忆排在首位和末尾的信息时，记忆效果最佳。头尾记忆法就是利用这个规律，增强我们的记忆效果。

所以在学习的时候，我们可以利用这个规律，将需要重点记忆的内容放在开头和末尾两个位置。这样才能够在有限的学习时间里，提高我们的学习效率，使我们的记忆效果达到最佳。

熟能生巧——过度记忆法

林跃被室友带着出去玩，室友们纷纷跑去打台球，但他对打台球兴趣不大，就跑去旁边的溜冰场看别人溜旱冰，看了一阵之后，他产生了学溜冰的想法。林跃是想到就要去做的性格，于是立即去租了一双溜冰鞋，别看别人在溜冰场上潇洒帅气，但到了他身上就全不是那么回事儿了，本来就是第一次接触溜冰，也没有人教他，他只好扶着溜冰场边上的栏杆一步一步慢慢滑，就这样还好几次差点摔倒。

滑了一会儿，听到有人叫他的名字，原来是同班的张程也来溜冰，张程也是第一次溜冰，两个人相互扶持着磕磕绊绊地往前滑，虽然技术相当生涩，但好歹不用婴儿学步似的扶着栏杆往前走。学了将近两个小时，林跃和张程才勉强能够不用人扶持，自己往前滑，林跃滑得熟练一些。两个人滑得浑身是汗，坐在一边歇息，没多久，林跃的同学就叫他一起回去。但张程还想再滑一会儿，于是林跃同他告别之后，和同学一起回了学校。

过了一段时间，林跃和班里的女生一块约着溜冰，本打算教教这些女生怎么滑，没想到穿上溜冰鞋之后他竟然不会滑了，只能勉强保持平衡，好像上次学会的全部忘记了似的。有个女生已经抱怨开了："你不是说你会滑吗？还说教我们呢，就用这水平教？"林跃被抢白得不知道说什么好，张程流畅地滑过来，说："他确实会滑，上次我们俩一起学的，他比我滑得还熟练呢，大概是有一阵没溜过冰，忘记怎么滑了。我先给你们讲技巧，等你们不扶栏杆也能保持平衡的时候再教你们滑。"

给几个女生讲完技巧，张程拉着林跃说："你跟着我，我带你滑几圈你就想起来了。"林跃被他带着滑了两圈，果然找回了之前的感觉，可他不明白为什么自己已经学会的技能竟然会忘记，而张程没有。张程笑了笑说："因为我隔三岔五就来玩一会儿，滑得熟了就不会忘了。"

在日常生活中我们不难发现，当我们掌握一种技能之后，如果刚一掌握就不再接触这项技能，那么下次使用到这种技能时就会有陌生感。但是如果我们经常运用这项技能，就能够熟练地掌握它。这正是过度记忆的效果，不管是游泳、驾车还是打球，掌握了基本的技巧之后，还需要我们继续练习，直到熟记于心，这样才能够保证我们对这种技能记忆得牢固，这就是过度记忆法。

过度记忆法不是简单地一遍一遍去重复识记素材，直到牢牢地刻在脑海之中，而是有技巧地重复记忆。美国的一位心理学家曾经这样解释过度记忆法：他说，识记某一材料达到最低限度的熟记之后，只需要进行断断续续的温习，就能够形成深刻的记忆。也就是说，在恰好记住识记材料之后，再多记几遍或者间隔一段时间之后进行复习，就能够将这些识记材料牢牢记住，达到最好的记忆效果。

德国的心理学家艾宾浩斯曾经进行过一项实验，他将被试分为几组，分别用不同的过度记忆次数对实验中提供的记忆素材进行记忆。第一组在能够背诵记忆素材的时候，再多读上 8 遍，这种多读即是过度记忆。第二组在能背诵记忆素材之后，多读上 16 遍，以此类推，最后一组在能背诵记忆素材之后，又读了 64 遍。如此过度记忆之后，对这些记忆素材进行复习，直至能够准确地背诵。结果发现，被试读的次数越多，所记住的内容就越多。所以，记忆知识的时候，仅仅能够背诵不一定能记得牢固、持久，只有在能够背诵之后进行过度记忆，才能够形成长期记忆。

不过，这种过度记忆法也有一定的限度，不能一直重复背诵同一种记忆内容，这样会浪费我们大量的时间和精力。

有意记忆法——有预谋地记忆

宋朝有一个人叫陈正之，是个读书人，但他和其他读书人有点不一样，别的读书人做学问兢兢业业，将文章的意思理解透彻后再继续往下看。他却一目十行，只求多读书，不求理解其中的内容。所以尽管他读了很多本书，却没有掌握多少知识。他想是不是自己的记忆力天生不如他人，所以才会学无所成。带着这种疑问，他遇到了著名的学者朱熹，向朱熹提出了自己的疑问，朱熹仔细询问了他读书的过程，然后说："其实不是你的记性不好，而是你读书没有明确的目的。读书不能只图看得快、看得多，还要用心去体会书里所说的内容，体会书中真意，掌握书中的知识。读更多的书并不代表懂得了更多的知识，所以你只是读了很多书，并不是学到了很多知识，记不住是正常的。如果你想要学有所成，不妨带着目的去读书，放慢自己的读书速度，仔细体会书中的内容，这样就能够掌握书里的知识，也能记住了。"

陈正之按照朱熹所说的方式去读书，读完一本书就会认真地把书里的要点总结出来，写出自己读书的感悟。这样在日复一日的累积中，他的学识也有了增长，再也不像以前一样记不住自己读过的内容了。

朱熹提到的其实就是有意记忆法，当我们漫不经心地去记忆某些知识的时候，总是一转眼就会忘记。而当我们抱着明确、坚定的目的去记忆的时候，却能够保持很久的记忆。带有一定目的去记忆，就叫有意记忆法。

有意记忆法并非是毫无依据的，心理学家曾经做过实验，他们找到一所学校，请学校的老师配合实验，实验的对象是两个班级的学生。

他们先让老师布置一项背诵全文的作业，然后告诉两个班级的学生，这个作业是第二天测验的内容，结果第二天测验的时候，两个班级的学生都将这篇课文背诵了下来。随后，他们让老师对一个班级的学生透露，这篇课文在两个星期之后还会再次测验，对另一个班级则没有交代。两个星期之后，老师再次针对这项任务进行了测验，结果被提前告知要测验的班级背诵全文的成功率远远高于另一个班级。

心理学家解释道："这种结果的出现并不是因为两个班级学生的智力水平有差异，而是因为老师提前告知其中一个班级要二次测验。这等于给这个班级的学生立下了一个长远的记忆目标，学生们有了更明确的目的，所以才能不断地复习，使记忆维持更久。"

有意识记的时候，我们学习的积极性也会被调动起来，能够为此付出更多的努力。所以我们在学习的时候完全可以培养这种习惯，给自己立下一个明确的目标，系统地掌握所学知识后，努力完成长期记忆的目标，这样我们的学习效果和记忆效果都会更好。

理解记忆法——在理解的基础上记忆

理解记忆法又叫作意义记忆法，指的是在积极思考、理解记忆素材内容的基础上进行记忆。有心理学家认为，学习的基础不应该是记忆，而是理解，理解所学的内容能够让我们在增长知识的同时提高记忆力。

理解记忆法与机械记忆是背道而驰的。机械记忆不需要我们思索记忆素材所包含的意义，只需机械地去重复，直至记住。理解记忆法则需要我们分析记忆素材、了解记忆素材，不但要知其然，还要知其所以然，这样才能懂得客观事物的意义。在理解的基础上进行记忆，会比机械记忆更有效率，记忆效果也更好。

理解记忆法是快速记忆法中最为基本，也是最有效的一种方法，很多记忆法都需要用到理解记忆，如上文所说的“有意记忆法”“重复记忆法”“争论记忆法”等。

很多人也许有过这样的经历：背诵一篇古文的时候，如果不理解它的意思，即便我们一字一句地背诵下来，也很容易忘记。可是如果我们理解了整篇文章的意思，弄清楚了上一句和下一句之间的逻辑关系，体会了文章中所表达的感情，在领悟了全文真意的基础上，稍加诵读，就能够形成较长期的记忆。

仔细观察的话不难发现，小学课本上所收录的诗大都是通俗易懂的，如孟浩然的《春晓》：“春眠不觉晓，处处闻啼鸟。夜来风雨声，花落知多少。”骆宾王的《咏鹅》：“鹅鹅鹅，曲项向天歌。白毛浮绿水，红掌拨清波。”这些诗我们只是小时候背诵过，长大之后甚至没有再接触过，但是我们好像从来没有忘记过，哪怕只听到名字，就能够背诵出整首诗。这正是因为我们在背诵之前先理解了这些诗句的意思，加上诗句朗朗上口，又具有鲜明的画面感，所以我们会保持长久的记忆，需要的时候自然能够轻松地把它们从我们的大脑中提取出来。

那么，我们如何做到理解记忆呢？第一，我们需要了解识记材料，对识记材料展开综合的分析，理解其中的含义，总结出识记材料的要点和实质，弄清楚识记材料各个部分之间的逻辑关系以及如何运用到实践中，等等。第二，要用到应用记忆法，在实践中灵活地运用识记材料，加深对识记材料的理解。理解既是记忆的基础，也是记忆的过程，在运用识记材料的时候，我们可以进行多种尝试，如对识记材料进行分类，将识记材料和之前所学的知识放到一起，找出其中的关联，和其他识记材料进行比较、对照，等等。这样对我们更深刻地理解和记住识记材料有极大的帮助。

间隔交替记忆法——打断记忆序列

一位老师在上课时拿出一个大瓶子，摆在桌子上，在学生的注视下开始往玻璃瓶中放大块的石头，才装了五六块，就装到了瓶口。老师问道："这个瓶子装满了吗？"学生们异口同声地回答："装满了！"老师又从讲桌里掏出一些鹅卵石，往瓶子里装，这些鹅卵石透过大块石头的缝隙漏下去，掉到了瓶底，把大块儿石头间的缝隙填上了一部分。老师接着问："现在呢？瓶子装满了吗？"学生们有些犹豫地说："也许还没有满，还可以再装些什么。"

老师给了他们一个鼓励的眼神，继续往瓶子里装小石子，一把小石子顺着大石头和鹅卵石的缝隙漏了下去，老师又问了一遍："现在瓶子装满了吗？"学生们看了看瓶子，踊跃地回答道："没有，还有一些缝隙没有填上。"老师又从讲桌里拿出一把细沙放了进去，同样漫至瓶口，同学们不等他问便回答道："满了，再放就漫出来了。"

老师笑着摇摇头，打开桌子上的水瓶，朝着玻璃瓶口倒了进去，同学们口中漫出来的状况并没有发生。小半瓶水很快倒光，恰好漫到了玻璃瓶口。老师让学生们思考这个实验说明了什么道理，同学们纷纷举手，发表自己的见解，最后，老师语重心长地说："如果你们不先把大块的石头放进去，而是先放了其他东西，那么这些大石头就不能再放进去了。人生也是如此，要合理地分配自己的时间，才能做更多的事。"

其实换个角度理解，这个故事同样适用于解释间隔交替记忆法。我们的大脑就像这个玻璃瓶，如果我们一味地往里边装大块的石头，很快瓶子就会装不下。但是如果我们装一块大石头，再依次装一些鹅卵石、小石子、细沙、水进去，直到瓶子装满，相信瓶子能装的东西会更多。大块石头恰如需要我们记忆的某种知识，鹅卵石和小石子则相当于另外两种知识，细沙、水分别是运动娱乐和休息等项目。往瓶子里装大块石头和鹅卵石、小石子，就相当于大脑在工作，而放入细沙和水则是让我们的大脑在工作之后暂时进行休息。这样一来，我们在学到更多知识的同时还进行了休息和娱乐，有所收获并放松了身心。

我们记忆东西也是如此，如果一直重复地去记忆数字、公式或是文字等单一的知识，那么很快我们就会出现头昏脑涨、疲劳、厌倦、注意力很难集中等状况，记忆的效率也会变低。但是如果我们背一会儿课文，背烦了就换成记忆公式；公式背腻了，再背一会儿历史或地理知识；等等。这样一来，就能够达到缓解大脑疲劳和改善厌倦情绪的目的，保证我们学习的积极性。这种方法类似于车尔尼雪夫斯基所说的"变换工作就等于休息"，对提高学习和记忆效率有一定的作用。

不得不提的是，在我们的记忆中，有着前摄抑制和倒摄抑制之说。前摄抑制指的是先学习的知识对后学习的知识有一定的干扰作用，倒摄抑制指的是后学习的知识对之前所学知识的保持和回忆有一定的干扰作用。例如，当我们学习英语音标的时候，会被之前所学的汉语拼音干扰，这就是前摄抑制；而当我们学会并能够熟练使用英语音标之后再回忆汉语拼音，后学的英语音标同样会对我们回忆汉语拼音产生干扰，这就是倒摄抑制。

我们假设记忆序列为：A、B、C、D、E、F、G，字母分别代表所记忆的内容，那么A项记忆内容会受到倒摄抑制，也就是说，后边学的知识会干扰我们对A项记忆内容的回忆；G项记忆内容则要受到前摄抑制，也就是说，我们对G项记忆内容的记忆要受到之前所记忆内容的干扰。A和G都只是受到单向抑制，而B、C、D、E、F这几项记忆内容，既受到前摄抑制，又受到倒摄抑制。如此一来，记忆效果自然会大打折扣。如何消除这种双向抑制带来的影响呢？这就需要我们打断记忆的序列了，即可以在记忆序列中插入非记忆的内容，这种非记忆的内容可以是体力劳动、休息、散步、听舒缓的音乐等。

有的学生能够理解学校的课间休息，却很排斥课间操、午睡等项目，认为这是浪费时间。其实这恰恰是我们调节精神，让大脑休息的大好机会，只有给记忆序列多加上几个开头和结尾，才能够削弱双向抑制产生的影响。尝试着合理安排自己的时间和精力，做到劳逸结合，才能以更积极的面貌、更踏实的态度去学习和记忆更多的知识。

循环记忆法——抓住遗忘规律

艾宾浩斯遗忘曲线是前文曾多次提到的内容，艾宾浩斯是德国一位著名的心理学家，也是第一个发现遗忘规律的人。艾宾浩斯做过这样一个实验，他让自己记忆一些毫无规律的字母组合，如："akgcw""eufhki""dkhjywe"，记住以后，他开始做其他事情。如此过了一个小时，之后他再去回忆之前记忆的字母组合，发现自己已经把一个小时之前记住的字母忘得一干二净。他又找出另外一组同样是毫无规律可言的字母组合，经过一番记忆之后，他将这些字母记在了脑海之中，但这次他担心遗忘，并没有等一个小时过去，就开始回想这些字母组合。如此一来，一个小时之后，他仍然能够流畅地背出这些字母。但是一天之后，他发现自己又忘记了背诵过的内容。经过多次实验之后，他根据实验数据画出了一条曲线，这就是揭示了人类遗忘规律的艾宾浩斯遗忘曲线。

艾宾浩斯发现，从记忆之初，也就是信息被大脑接收的那一刻开始，遗忘就已经发生了。而且遗忘是有着一定规律的，遗忘的速度会随着时间的流逝先快后慢。也就是说，在我们刚记住一点东西之后的短时间内，是我们最容易遗忘的时候，如果不及时复习，我们只能够记起其中一小部分，随着时间的推移，我们的遗忘速度才会有所下降。

艾宾浩斯找到了几个节点，在这几个节点之内进行复习、回想，能够使记忆得以维持。第一个节点在识记之后的一个小时之内，这一个小时之内我们需要对识记素材进行回想，这样才能削弱遗忘带来的影响，达到维持记忆的目的。第二个节点在一天之后，第三个节点在三天之后，遵循这样的规律能够保证我们记忆的持久性。

循环记忆法正是利用了"艾宾浩斯遗忘曲线"所揭示的规律进行记忆，也是机械记忆法中最有效、最稳定的一种，因为它符合记忆的规律。在每次大脑出现遗忘时进行回想和复习，这种行为类似于往沙滩上踩脚印，每次沙滩上的脚印快被海水冲淡抚平时，就在原来印有脚印的地方重新踩下去，一遍一遍地重复，直到这个脚印深深地烙在沙滩上、印在脑海中。

循环记忆法的适用范围很广，我们能用它识记多种记忆素材，不管是英语单词、数学公式，还是诗词歌赋，循环记忆法都行之有效，且有着事半功倍的效果。因为它能让我们有技巧地进行重复识记，避免了对时间和精力的不必要浪费，花费合理的时间、精力，就能让这些记忆素材在我们脑海中留下深刻的印象，达到长期记忆大量信息的目的。

观察记忆法——记忆的基础步骤

法国著名雕塑家罗丹说："生活中从不缺少美，而是缺少发现美的眼睛。"这句话从侧面指出了观察的重要性，观察是我们认识事物、了解事物的第一步，也是非常重要的一步。幼儿园的老师在教小朋友认识一个事物的时候，都会先让小朋友仔细观察，包括物体的形状、颜色等。我们所认为的观察，只是用眼睛去看，但事实上，观察应该是一种有多种感知器官共同参与的知觉活动。它不仅仅需要我们用眼睛去看，还需要我们用耳朵去听，鼻子去闻，嘴巴去品尝，手去触摸，大脑去分析、思考，等等。观察应该是一个有目的、有计划、有步骤、有成果、完整地了解事物的过程。

在柯南·道尔的著作《福尔摩斯探案集》中有这样一个细节，华生和福尔摩斯同时去观察一块刚刚到手的怀表，两个人的观察方式不同，结果也全然不同。华生只是用眼睛去看，看怀表的外形、指针、刻度等，总结出这只是一块旧怀表。

福尔摩斯却用放大镜仔细观察出了更多的内容，在看怀表壳背面的字母、数字、划痕的同时也在思考，怀表上的两个字母代表的是姓氏还是其他？上边的数字又与什么有关？为什么怀表上有如此多的划痕？能用这样的怀表的人是什么样的人，有着什么样的嗜好、什么样的际遇？

经过观察、分析，他推测字母代表姓氏，划痕应该是怀表主人给表上弦的时候留下来的，一个人在神志清醒的状态下是不可能在上弦的时候在表壳上造成这么多划痕的，因此，主人应该是一个经常酗酒的醉鬼，常在喝醉之后、手不稳的状况下给怀表上弦；表上所刻的数字是当铺常用的当票号码，可见这块表经常被主人送去当铺，因此判断怀表主人的经济状况很不理想。

福尔摩斯和华生观察事物的角度不同、观察方式不同、知识结构不同、生活经验不同、观察力也不同。正是这种种不同导致了两者观察结果的巨大差异。

观察不仅仅是认识事物的第一步，也是记忆的基础。观察力强，能够抓住事物的众多特征，再加上首因效应的作用，记忆力相对来说也会更强；如果观察力弱，观察事物时很难抓住事物的细节特征，那么记忆力自然也就比较弱。

观察记忆法就是要让我们学会观察事物，在观察的过程中高效地进行记忆。那么我们如何使用观察记忆法呢？首先要学会带着明确的目的，认真、仔细、全面地进行观察。其次要培养自己的观察力，我们可以尝试着将注意力集中在某个物体上，进行观察之后闭上眼睛，在脑海中仔细回想该物体的细节，回想完毕之后和原物进行对比，看我们所回想的那些细节与之是否符合，纠正错误的部分。这样我们再进行观察的时候就知道该注意的要点了。

仅培养观察力还是不够的，我们要把观察变成我们的习惯，随时观察、随时思考、随时记忆。在观察、记忆的同时我们还需要克服主观臆断，尽量细致、客观、认真地观察，观察完毕要尽快做出总结。

很多人在上学的时候曾被老师要求养育蚕宝宝，并且被要求每天写一篇观察日记。这其实就是老师在培养中小学生的观察力、耐心和写作水平。

平时我们也可以进行必要的知识储备，将观察、学习、记忆同步进行。长此以往，我们的观察力就能得到很好的磨炼，我们的记忆力也能得到很大幅度的提升。

定桩记忆法——一个钉子一个眼儿

临近期中考试，苏桐没有心思出去玩，只是闷声不响地坐在自己的书桌前做题，书桌上各科的测试卷都有。可是不管哪一科的题目，她都做得非常疲惫，因为很多简单的选择题她都要思考很久，明明已经背了很多个早上的内容，一到用的时候却怎么也想不起来。二十几道选择题，她竟然做错了一大半，更别提后边的大题了，几乎每做一道题她都要翻开这个科目的课本，找到题目所涉及的知识点，再从中总结答案。这浪费了她大量的时间，而且收效甚微。

这令她十分沮丧，觉得自己之前早自习付出的努力都是徒劳无功的。做题做得烦心，她索性合上课本休息，看着挂在墙上的山水图发呆。视线扫过墙面，发现挂着山水图的墙体旁有一团黑色的东西，苏桐本以为是哪里飞过来的一只小虫子，走近一看，发现黑色的地方原来是个小洞。苏桐立刻想到，这是当时她和爸爸挂图的时候钉错位置留下的一个钉洞，苏桐看着钉洞入神，心想：记东西要是也能像拿着锤子往墙上钉钉子一样就好了，这样哪怕钉子被取下来，记忆也一样存在，她就不用频繁翻书也能够想起之前背诵的知识了。

其实苏桐的这种想法并非不切实际，定桩法就符合她的要求。定桩法是一种实用性较强的记忆方法，它是由宫殿记忆法所引申出来的帮助我们运用逻辑记忆的一种方法。用定桩法去记忆，我们甚至能记住一本牛津字典。因为定桩法不仅仅用到了机械记忆法中的联想记忆法，还用上了逻辑记忆。逻辑记忆之所以比机械记忆效率高，是因为它需要我们找出记忆素材之间的规律、逻辑，记住其中的规律便能够记住所有的素材，而且这种记忆能够在大脑中保持很久。

定桩法有身体桩、数字桩、时间桩、生肖桩、星座桩等。例如，身体桩要用身体的各个部位做桩子。

首先我们要定桩，定桩就是将身体的各个部位按照顺序定下来，如头、眼睛、鼻子、嘴巴、下巴、胳膊、肚子、膝盖、脚踝、脚趾，这样方便我们将需要记忆的内容联系起来。定下顺序之后我们需要固桩，固桩指的是加深对身体各部位间顺序的记忆。其次我们需要删繁就简，提取出记忆素材中关键的内容。

接下来我们就要运用自己的想象力，把上一步从记忆素材中提取出的关键词转化为图像、场景等。想象完毕后，需要通过联想的方式，把记忆素材转化成的图像与我们身体的各个部位联系到一起，随后我们可以在脑海中进行回想，每摸到身体桩的一个部位，就立即联想到与之相对应的图像，以及转化为图像的关键词和包含着关键词的全部记忆素材。

最后我们需要将身体桩纳入自己的知识结构之中，当然尤为重要的一点是要利用闲暇的时间进行复习，这样我们才能够更为稳固地掌握这些已经学习过并记住的知识。

数字桩、时间桩、物体桩等都可以按照身体桩的步骤来操作，掌握了科学的逻辑记忆方法，我们在学习和记忆时才能得心应手。

Chapter 6

生活中常见的经典记忆法

关键词记忆法

音乐课上，音乐老师把“八荣八耻”写到了黑板上，课代表李欣看见黑板上的内容，吃惊地喊道：“老师，是您弄错了，还是我们进错课堂了？这节不是音乐课吗？您怎么教起了思想政治？”音乐老师笑了笑说：“不是教你们学政治，‘八荣八耻’被一位老师谱成了曲，学校要求每个班的学生学唱，这可是培养个人素质的好机会，也正好能整治一下学校里怠惰散漫、一言不合就打架斗殴的风气。”

李欣最怕背东西了，看见一长串歌词，就觉得眼花缭乱。她趴在桌子上郁闷地叹了口气，嘟囔道：“只怕这比《春江花月夜》还难背。”同桌程悦看她垂头丧气的样子，说：“《春江花月夜》你都背下来了，还担心这个吗？这才100多字，还通俗易懂，你忘了我上次教给你的办法啦？”

李欣听她这么一说，打起了精神，说道：“对，先提取关键词！”两人凑在一起商量起来：“第一句‘以热爱祖国为荣，以危害祖国为耻’的关键词是祖国；第二句‘以服务人民为荣，以背离人民为耻’的关键词是人民；第三句‘以崇尚科学为荣，以愚昧无知为耻’的关键词是科学……”

就这样，李欣分别提取出了“祖国、人民、科学、劳动、团结互助、诚实守信、遵纪守法、艰苦奋斗”等关键词，而且她发现歌词中“荣”与“耻”恰好是反义词，这样记忆起来就更轻松了。李欣很快就记住了整首歌的歌词，跟着音乐老师学了几遍就会唱了。

关键词记忆法，顾名思义，是要根据识记内容的关键词来进行记忆。撇开网络上大部分以吸引眼球为主的垃圾新闻标题不说，很多正规报纸上新闻的标题几乎囊括了整个新闻的所有要点。忙碌的读者只需看一看新闻标题，就大概知道了通篇要讲的内容，这正是关键词的魅力所在。

在学习诗词文章的时候，我们通常需要背诵整篇诗词，有时难免会出现背了上句忘下句的状况。这个时候，旁人稍微给出一点涉及关键词的小提示，我们就能马上想起来下面的内容。其他科目的关键词也发挥着重要的作用，比如，提起商鞅变法，我们只要记住几个关键词：郡县制、土地私有制、重农抑商、加强中央集权、统一度量衡等，就能够掌握商鞅变法相关的知识要点。

借用简单的词句记住复杂的内容是关键词记忆法的优势。那么，如何使用关键词记忆法呢？

首先我们要通读记忆素材，全面地分析记忆素材的全部内容，随后将知识点罗列成条，再从每条知识点中提取出关键词。其次我们只需要记住关键词，便能够根据关键词从脑海中提取出相关的知识要点。

如果担心出现记错、记漏关键词的状况，我们还可以继续对关键词进行加工，将其想象为某些画面、情境，甚至声音。这样我们只要记住这些画面，在回忆的时候就能完成从画面到关键词，再从关键词到知识点，最后从知识点到全部记忆素材的信息提取过程。

资料索引记忆法

董岩最近在家闲着没事做，打算学点建筑学的知识，想到朋友张维之前曾经对建筑学感兴趣，买了一大堆书，便去他那里借书。张维虽然喜欢看书，却并不怎么珍惜书，也不善于整理，很多书看完就随手放到一边，杂七杂八地摞在书桌上、椅子上、地上，摆在书架里的书也是各种类型相混杂，热血漫画里掺杂着一本《黄帝内经》，绘画集里会夹着几本武侠小说，古典名著中间还能找到几期杂志。整个书柜虽然摆放的书不少，但整体给人的感觉很乱。张维把他带到乱七八糟的书房，两个人一起翻找了大半天，找得头昏脑涨，愣是没能找到一本与建筑相关的书籍，董岩累得坐在地上一动不动。

张维有些不好意思地说道："我这边书太多，有的翻两下就放到一边了，我妈帮我整理的时候都是看到书柜哪有空隙，就摆放到哪里，我们不是只找了左边的书架吗？中间的和右边的还没找，要不翻翻？"董岩歇了好一会儿才说道："不行，我实在看不下去了，这样吧，今天我也不急着找书了，我帮你把书房整理一下吧。"

两人说干就干，开始将书柜腾空，将不同类型的书摆放成一摞，再按照不同的类型整齐地摆到书柜上。很快左边的书柜就摆了很多书，不整理不知道，一整理张维自己也吓了一跳，他之前都没有发现自己竟然有那么多类型的书，畅销的、冷门的都有。两个人用了整整一天的时间，才把书房的书全部整理好。张维累得不想动，董岩却去他书桌上把剪刀、马克笔、白纸和双面胶找了出来，张维见状诧异地问道："你不累吗？怎么还做起手工啦？"董岩说："现在光这么整理，说不定没多久又乱了，我给你做个标签，待会贴到书柜上去，算是个书目索引。这样你下次找书和放回去就方便了。"

董岩分别把文学、语言、经济、宗教、农业科学等标签贴在相应的书柜栏上，这么一来果然清楚了很多，这次不用费劲翻找，一眼就看到了建筑类的书。董岩顺着摆放整齐的一列建筑学图书看了看，很快就找到了他所需要的几本入门书籍。

很多图书馆都有索引，当我们需要借阅一本图书的时候，只要通过索引进行查找，很快就能找到，这就不由得让人联想到记忆。科学家的研究发现，人类的大脑能储存1000亿个信息单位，如此大的信息量，我们怎么才能在需要某则信息的时候迅速将其从大脑中提取出来呢？

要知道我们大脑里的信息并不像我们所想象的那样条理分明，找一条我们需要的信息，就如同董岩在张维所有书籍散乱堆放着的书房中寻找一本建筑学的书一样，让人完全不知道从何找起。我们怎么才能够屏蔽掉无价值的信息，快速而准确地找到我们所需要的信息呢？换言之，有什么办法能让我们的记忆也有这样的索引呢？资料索引记忆法无疑是正确的选择。

资料索引记忆法是逻辑记忆的一种，用资料索引记忆法去记忆知识和提取知识，相当于拿着地图探寻宝藏。它能够帮助我们过滤掉不需要的信息，明确地指出宝藏的所在，在省时省力方面有着惊人的优势。

那么，资料索引记忆法如何操作呢？

首先，我们要为需要识记的素材做出标记，找到资料的来源，并进行标签化的精简概括；其次，需要我们为记忆素材进行归类，并给识记素材打上所属门类的标签；最后，我们需要将资料来源的标签和所属门类、表达的主题等标签联合在一起进行记忆。这样一来，完全不必死记硬背，只需要以逻辑记忆的方法，有技巧地掌握识记材料的规律，便能够轻松地记忆一连串的信息。

逻辑记忆法

一大早，小薇就背着双肩包出了门，爸爸看她休息日起这么早，觉得奇怪，就问了两句，原来今天是小薇的好朋友小珂的生日。小薇和爸爸妈妈交代道：

“今天去给小珂过生日，我们会玩得时间长一点，估计会晚点到家。要是没回来，会给你们打电话的。”

到了傍晚时分，忽然刮起了大风，没多久，天上就电闪雷鸣，下起了大雨。坐在沙发上看电视的爸爸有些坐不住了，捧着茶杯不时地走到窗前，往楼下小区入口看看，精彩的球赛也不再能抓住他的注意力，他嘴里还念叨着：“这鬼天气，雨下个不停，女儿待会儿怎么回家啊！”

妈妈正在择菜，见到爸爸魂不守舍、往门口多次察看的样子，自然猜出了他在担心什么，便说：“不用担心，薇薇又不是小孩子了。”爸爸反驳道：“怎么不是小孩子？她还没成年，出门的时候也不知道带把伞，现在还没回来，不会出什么事了吧？要不然我去接她吧。”

妈妈说：“不用折腾，女儿绝对不会淋雨回来的，说不定她现在已经准备在小珂家吃晚饭了。你等着看吧，她待会儿就会打电话过来了。”

没过多长时间，放在桌子上的手机就响了起来。爸爸连忙去接电话，果然是小薇跟他交代今天不回来，住在小珂家的事。爸爸叮嘱了两句挂断了电话，回头向妈妈问道：“你怎么知道女儿会打电话回来？你好像一点都不担心女儿啊？”

妈妈说道：“因为我了解女儿啊，刚才去收拾房间，看到她的洗漱用品不见了，她经常抱着睡的小兔子也没影儿，我就知道女儿肯定是担心今天回不来，索性把这些东西都装到包里有备无患。雨下成这个样子，小珂的爸爸妈妈一定不放心她一个人骑车回来，肯定会让她留宿，所以我还有什么好担心的呢？”

其实如果薇薇的爸爸耐心分析，也能推理出女儿可能不回来住的结果。但是他关心则乱，焦躁的情绪干扰了思考和逻辑推理的能力，所以才会对女儿担心不已。

逻辑推理是我们经常会用到的一种能力。看到玻璃杯从高高的桌子上跌落下来，迎接它的是坚硬的水泥地面，我们几乎可以预见到玻璃杯撞到地面上、摔得粉碎的样子；看到天上下雨，则很快想到地上会变得潮湿。

玻璃杯摔碎、地上会变得潮湿这两个结论我们是怎么得出来的呢？其实就是用了逻辑推理。之前我们见到过玻璃杯从桌子上掉下来摔碎的情景，经历过天上下雨后地上潮湿的状况，所以再次看到玻璃杯掉下来和天上下雨时，我们很快就能够想到两者将会造成的后果。也许我们很难察觉到，但推理就在我们不曾察觉的情况下悄无声息地发挥了作用。

推理是需要运用逻辑思维的，逻辑思维在我们生活中的方方面面都有所体现。一个逻辑思维能力强的人通常推理能力出众，能够迅速地抓住事情的关键点、找出事物之间的联系，这种人说起话来也很有条理，不太容易受到他人的愚弄和欺骗。

同样，逻辑思维在记忆当中也有着不可小觑的作用，逻辑记忆法就是需要运用逻辑思维的一种人类特有的记忆方法。具体指的是把事物的意义和特点、事物的内在规律及事物间的关系等内容通过逻辑思维的加工，用精练的词语提取出概念、定理、公式、观点的方法。

简言之，它是以词语为中介，用逻辑思维高度概括复杂的记忆素材中的重点，然后以这种逻辑思维的成果作为记忆内容，在我们脑海中留下印象，便于我们进行记忆的一种方法。

要想使用逻辑记忆法，我们首先要对记忆素材进行观察、比较、分析、综合、抽象、概括、判断、推理；其次要找出记忆素材在逻辑上存在的某种关联，这种关联可以是：因果、相似、相近、同类、从属、反义、对照、递进、衍生等。

找出这些记忆素材内在的关联之后，我们便可以用精练的词汇提取其中的要点，进而将所需要记忆的内容连成一片。这样我们记住一个内容，就能顺势推导出其他记忆内容，达到“忆一牵百”的效果，使逻辑记忆法在我们的日常生活中发挥出更大的作用。

图表记忆法

图表记忆法是使用图片和表格等方式来帮助我们记忆知识点的一种记忆方法。也许有人会问，记点知识为什么还需要用到图片和表格之类的东西呢？因为这两者有着不可替代的优势。

我们首先来分析一下图片的优势。和单调乏味的文字比起来，图片更为生动形象，更容易给人以深刻的印象。

我们不妨来试着回忆一部经典的电影，提起周星驰的《大话西游之大圣娶亲》，相信很多人都对那段“曾经有一份真挚的爱情放在我面前，我没有珍惜……”的台词津津乐道，但很多人未必能够将这段台词完整地记下来，其他很多经典台词更不必说。但如果说到经典的画面，相信很多人的脑海中都能清晰地浮现出“紫霞仙子和夕阳武士在残破颓败的城墙上对峙”的画面，也能浮现出“孙悟空双手握着横在肩头的金箍棒，一步步走远的落寞身影”，这就是图片独有的魅力。

美国著名的图论学者哈拉里说过：“千言万语不及一张图。”回想起一段文字并不是一件容易的事情，但回想起一幅画面，对我们来说却非常简单。对记忆来说，记住图片能够更有效地开发我们的大脑，使我们的记忆更为深刻。

表格的优势就更为明显了，学生时代我们在课本上见过太多的表格，物理课本上的“凸透镜成像规律”“声音的三个特征的理解与区分”“质量与重力”

等表格，就是比较典型的例子。用表格呈现材料，会更加直观和一目了然，不管是横向对比还是纵向对比，内容都能非常直观地呈现出来。这对我们找出各个知识点之间的联系来说是有着巨大帮助的，而且用表格总结材料，会使我们记忆起来更加方便、准确。

图表记忆法在我们的学习生活中随处可见，如初中时背诵的《化学元素周期表》《世界各国（地区）面积、人口、首都（首府）一览表》《我国历史朝代年表》等，都是在利用图表的方式来帮助我们进行记忆。

如何运用图表记忆法进行学习和记忆呢？首先我们要把记忆素材归类，这是很多记忆法中必须经历的一个过程，将记忆素材归类之后，找出各个记忆素材之间的共性、区别和联系，随后用尽量简洁的文字、图像甚至是符号来代替繁杂的记忆素材，这样会更容易在我们的脑海中留下深刻的印象。

制作图表的时候需要注意，图表一定要简洁易懂，一目了然。如果图表的内容难以理解，无疑会浪费我们的时间和精力；反之，如果图表简单易懂，那么我们很快就能够抓住各个知识点，掌握它们之间的共性和差别，这对我们记忆的准确性以及记忆能力的增强有着很大的帮助。

思维导图记忆法

2017 年 10 月 18 日至 24 日，中国共产党第十九次全国代表大会（以下简称党的十九大）在北京召开。和之前一样，很多会议上讨论的内容都是考研政治的必考题，但很多人未必能耐下心来看繁杂的知识点和报告内容。所以在党的十九大召开之际，网络上已经流传出了各种关于党的十九大报告的思维导图，其中不但有专业人士整理出来的必考会议报告考点思维导图，甚至连人民日报的微博公众号也发出了党的十九大报告思维导图，一张小小的图几乎涵盖了所有的关键知识点。相对于繁杂的报告内容，考点思维导图明显要简单很多，方便我们进行理解和记忆。

思维导图又叫作心智图，是图形思维工具的一种，它能有效地表达发散性思维，并能简单有效地对放射性思考进行具体化处理。看过思维导图的人不难发现，思维导图有一个共性，所有的知识点都是从一个思考中心发散出来的，每一个知识点又能发散成其他几个更为详细的知识点。

这和我们大脑的思考方式相同，我们在接触外部事物时，眼睛所看到的图像、颜色、文字、符号；嘴巴品尝到的味道；耳朵听到的声音、节奏；手触摸产生的感觉；偶然生出的想法；等等，最终都是要回馈给大脑，以大脑为感觉和思考中心的。身体的各个感官只是大脑思维导图中的众多节点。所接收到的资料、信息都是由某个感官发散出来的。任意一个文字、符号、线条、意象等都可以成为一个思考中心，并能够从这个中心往外发散出众多的节点，而这些节点又能够成为新的思考中心，继续向外发散，这就是思维导图。

仔细观察的话不难发现，思维导图大多是图文并茂的，为了更好地给人留下印象和区分重点，大部分思维导图会用到多种颜色、图像等。这样能够充分地开发和运用我们左右脑的机能，使我们的左右脑平衡发展，激发我们的潜能。

思维导图记忆法又称思维导图全脑记忆法，顾名思义，就是利用思维导图的方式进行记忆。思维导图的记忆方式在我们生活和工作的各个方面都适用，因为它具有直观、清晰和无限延伸的优势，让我们在深入学习和了解知识点的同时深化记忆，有利于我们进行发散思维，还能启发我们以更科学、更有效的方式进行学习和思考，提高我们的学习效率，激发我们的联想和创意，有助于我们形成系统的学习和思维习惯。

所以当我们想要高效地学习和记忆时，不妨尝试运用思维导图将需要记忆的内容进行整合，整合的同时，既要联系之前所学到的相关旧知识，还要发挥自身的联想能力，将零碎的知识纳入思考中心，并与之前记忆的知识点相联结，最终形成一个完整的记忆体系。这样我们才能更快地实现自己学习、记忆的目标。

数字记忆法

数字记忆法又叫作数字编程记忆法，是通过联想的方式把记忆内容和数字绑定在一起进行记忆的一种方法。数字编程记忆法将每个阿拉伯数字进行编码，转变为一个生动的形象，这样便于和记忆的内容进行联系。

数字记忆法的具体操作方式非常简单。首先我们需要将阿拉伯数字进行形象化的联想。假设我们要去超市购物，购物之前我们对生活用品进行了盘点，发现需要购买的物品有 8 种：鱼、肉、蔬菜、晒被绳、卫生纸、耳机、凳子、飞行棋。那么我们就可以列出 8 个阿拉伯数字，并对数字进行形象化处理。

数字 1 像一根筷子、一棵树、一支笔。我们需要从这些相似的物品中找出最符合记忆内容的一个。我们可以将一棵树作为数字 1 的最终处理结果，因为造卫生纸的一个重要原料是木浆，而且卫生纸的形状就像一个大写加粗的 1，所以我们可以尝试着把数字 1 和卫生纸联系在一起。

数字 2 像一只在水里游来游去的小鸭子。我们可以由在河里游泳的小鸭子进行深入联想：为什么小鸭子在河里呢？因为它在捉鱼吃。由此可以将数字 2 和鱼联系起来。

数字 3 的形状像耳朵，由耳朵想到耳机，所以我们可以很自然地将数字 3 和耳机联系到一起。

数字 4 看上去像一个坐在椅子上、跷着二郎腿的人，我们可以试着将数字 4

与凳子联系到一起。

数字5的形状就像是一个秤钩，以前在菜市场买菜的时候经常会用到秤，称出菜的斤两好计算价钱，所以我们可以将它和蔬菜联系到一起。

数字6可以通过谐音的方式与肉联系在一起。

数字7同样可以通过谐音的方式和飞行棋联系到一起。

数字8与捆扎好的晒被绳形状一致，所以两者也可以联系到一起。

这样一来，我们回忆自己需要采购的东西时，只需要按照阿拉伯数字的排列顺序逐一进行联想，就能够从大脑提取出相应的信息。

完成数字编码之后还有非常重要的一个步骤，就是回忆。为了防止记忆不稳固，我们需要一个数字接一个数字地进行回想，从1到8，依次进行回忆，这样能够保证我们记忆的准确性，保证我们在短时间内不会出现遗忘的情况，清楚准确地记住所要记忆的内容。

组合记忆法

组合记忆法是把多种记忆方法结合在一起进行记忆的一种方法，前文介绍的很多种记忆方法其实涉及两种或两种以上的记忆方法。除非是照本宣科地死记硬背，否则我们的记忆步骤中一定有分析、归纳等必经的步骤，有的还需要运用形象联想、谐音联想等记忆方式，这正是组合记忆法的一种基本形式。

无论记忆什么类型的知识，要想记忆的效率高、效果持久，必然要用到某些记忆方法。有时候单一的记忆方法未必能达到快速记忆、系统记忆的目的，所以我们需要将多种记忆方法结合起来进行记忆。

比如，近代历史上著名的人物及其成就这样一个简单的历史题里面就包含了很多个知识点，近代历史上著名的人物有很多：负责修建京张铁路的中国首位铁路工程师詹天佑；翻译了英国生物学家赫胥黎的《天演论》，并宣传了“物竞天择，适者生存”这个观点的严复；编著了世界地理历史知识综合性图书《海国图志》的魏源；制造出中国第一部蒸汽机的华蘅芳和徐寿；等等。

每个人物都是一个新的知识点，对学生来说，这些知识点都是至关重要的，仅仅记住这些人物的名字是远远不够的，还需要记住他们的著作、成就以及在历史上的意义、所起到的作用等。

在记忆这些知识点的时候，仅靠死记硬背或是单一的记忆法，记忆效果并不明显。所以我们可以尝试着结合联想记忆法、谐音记忆法、路径记忆法、定桩记忆法等多种方法来进行记忆。这样不仅能达到快速记忆的目的，还能保证记忆的效果达到最佳。

掌握了记忆的方法，并不代表我们的记忆力就得到了全面的提升，提升记忆力的关键还在于能否将这些记忆方法灵活地运用到实践中。当我们需要记忆的内容较多或者类型较为复杂的时候，可以尝试着把多种记忆方式结合在一起应用，这样能让各种记忆法发挥各自所长，我们自己的记忆和思维也能得到很好的锻炼，长此以往，记忆力会得到提升。

拆解记忆法

拆解记忆法，顾名思义，是把记忆的内容进行拆分处理后再进行记忆的一种方法。这有点像分段记忆法，如果需要记忆的内容过长、过多，那么就将其进行分段处理，这样记忆起来就更为方便了，能避免我们因为记忆长篇内容效果不佳而产生厌倦的心理。两者对比来说，拆解记忆法比分段记忆法更为详细。

如果说分段记忆法用来背诵长篇的文章比较有效，那么拆解记忆法用来拆解字、词或单词会更适合，如“酕醄（máo táo）、赑屃（bì xì）、蠼螋（qú sǒu）、躨跜（kuí ní）、窸窣（xī sū）、黼黻（fǔ fú）、侘傺（chà chì）”之类复杂的词汇。

如果整体去记忆这些词汇，我们会发现，记忆效果并不那么理想，不是忘记读音，就是忘记怎么写。但是如果我们用拆解记忆法，那么记“酕醄”时，可以把偏旁分开来记忆，两者的左偏旁都是酉字旁，两者的读音则恰好与右偏旁毛、匋两字相同，酕醄的意思为：大醉的样子。由于酉字又是酒的组成部分，这样一来，词语的读音、词语的拼写，还有词语的意思就容易记忆多了。其他词语也可以采用这种方式，如“躨跜、酩酊、魍魉”等。复杂的词语我们都能够在拆解之后利用联想的方法来进行记忆。

所以，与分段记忆法比起来，拆解记忆法的应用范围要稍微小一些，但是在某些特定的范围内，如记忆词汇和英语单词方面却有着出人意料的效果，尤其是背诵英语单词，备考雅思的人应该深有体会。

雅思考试对英语词汇量的需求非常大，有什么办法能够让我们又快又好地记住大量的单词呢？拆解记忆法就是最适合的选择。

一个英语单词可以拆解为多个英语单词进行记忆，如 brink 有（河、悬崖峭壁等的）边沿；（危险的）边缘；初始状态等意思。我们可以将这个单词进行拆解，brink 是由 brine（海水）和 ink（墨水）两者组成的，它的读音与 blink（眨眼）相似，拼写和 bring（带来）相似。把海水、墨水、带来、边缘、眨眼组成一句话就是：带着笔墨来到悬崖边作画，泛着太阳光的海水，让他忍不住眨了眨眼睛。这样一来我们就能记忆五个单词。

可以说拆解记忆法是一种记忆词汇更专业、更对口的方法。这种拆解记忆法，能让我们用更少的时间记忆更多、更复杂的内容，而且快速记忆的同时还能保证记忆效果的牢固性，用来记忆英文单词和复杂词语的确再合适不过。

分散记忆法

李响是一个好奇心很强的人，什么事情都想知道为什么，看着早自习时同学们一个个站直了身体，大声背书的身影，他的心里却生出了疑问，为什么早自习一定要站起来背书呢？为什么总是早自习背书，晚自习做练习题呢？他对学校的教学安排产生了浓厚的兴趣，拉着同桌章明讨论道："为什么不能晚上读书，早上做题呢？"章明想了想，卖了个关子说："从小学到高中哪个学校都是这样，在早上背书、晚上写作业。这样学习效率应该比较高，所以学校才这样规定的。"

李响摇摇头说道："这倒不一定，谁能证明早上背书、晚上做题的学习效率一定最高呢？说不定反过来效果会更好，只是没人尝试过罢了。"章明见他较真儿，笑着说道："行啊，既然你这么说，你要不要为教育事业做点贡献，做这第一个吃螃蟹的人？"李响无畏地说道："试试就试试，这有什么大不了的？"

第二天早自习，李响果然不再早读，而是坐下来做起了练习题，由于担心周围同学背书的声音打扰他思考，他还搬着桌子独自去另外一间空教室。早自习下课之后，章明去找他，发现李响竟然趴在桌子上睡着了。章明哈哈大笑。而到了晚自习的时候，李响却发现自己背书的效率并不是很高，平时能很快背诵下来的古文竟然一连背诵了三个晚自习才完全记住，而同桌章明只用了一个早上就会背了。这下李响死心了，他的实验也宣告失败。

章明总结道："早自习由于我们刚刚睡醒，要是不站起来大声背书赶跑瞌睡，很快就会再次被睡意侵扰，记忆效率就会下降，而且早上我们的大脑刚经过一个晚上的休息，身体和脑力都调整到了最佳的状态，接受能力比较强，所以才会记得快。到了晚自习的时候，我们已经经过了一整天的学习，记了太多的东西，精神上相对来说比较疲惫，不再适合背书和记忆新的内容。这个时候做一些练习题，总结一下今天学到的内容，有助于巩固知识，所以学习效率比较高。”

李响听完受教地点点头，往后在早自习时又开始乖乖地站起来背书了。

我们可以发现在学校的时候，学生学习时间的安排是有一定规律的。什么时候适合背书、什么时候适合做题都有着明确的规定，且这种时间安排适用于大部分学生。这是因为学校的安排遵循了大脑的作息规律。分散记忆法也是一种遵循大脑作息规律进行记忆的方法。

学习一段时间后，精神会感到疲惫，如果这时我们继续学习，那么收效必然不尽如人意。但是如果我们将学习的时间分散开，学一段时间然后休息一下，做点其他事情，再继续学习，效果就会好很多。所以分散记忆法，也是在教我们合理地安排自己的学习和记忆时间的一种方法，它能够让我们及时地对自己疲惫的精神状态进行调整，避免过度的脑力劳动。

大部分情况下，用分散记忆法进行记忆比集中记忆法效果要好得多，但这种分散也有一定的限度，一旦过度，就成了“三天打鱼，两天晒网”，无法获得很好的成效。那么，这个限度在哪里呢？科学研究发现，每一次学习的最佳间隔时间应为30分钟～24小时不等。

当然，我们也可以根据自身精神状态、记忆力、学习能力以及学习材料的难易程度等及时进行调整，确保学习和记忆的效率达到最佳。

推理记忆法

在电影《陆小凤传奇之铁血传奇》中，有一个非常有趣的情节，那就是找出谁是真正的铁鞋大盗。

陆小凤和花满楼等人在敌人的围攻之下被迫逃入藏有玉佛的密室之中，陆小凤和金九龄推断，铁鞋大盗一定就隐藏在身处密室的几个人之中，于是密室中的众人纷纷陷入猜忌之中，金九龄更是将矛头直指苦智大师。众人多番争论，也没有找出真正的铁鞋大盗，这时密室的烛火突然熄灭，一时间密室内的气氛更加紧张，人人胆战心惊。只有花满楼对烛火的陡然熄灭没有生出半点不适，陆小凤顺势提出了一个建议：让花满楼用手摸出铁鞋大盗。

因为在密室的众人之中，除了铁鞋大盗本人之外，只有花满楼见过铁鞋大盗的真面目。虽然花满楼在幼时见到铁鞋大盗的真面目后就被铁鞋大盗弄瞎了双眼，但他惊人的感知力让他深深地记住了仇人的轮廓，只要用手去摸，一定能够找出谁是真正的铁鞋大盗。众人皆认为陆小凤的计策可行，便众口一词地答应下来。

陆小凤先拉着花满楼的手摸了自己的脸，然后让他逐一去摸其他人的脸。等他摸过一遍之后，陆小凤点亮了烛火，鹰眼老七等人发现旁边的人脸上都有一团黑灰，只有躲在一旁的宋神医的脸上干干净净。宋神医正是铁鞋大盗。

原来，陆小凤让花满楼用手摸众人的脸正是他给铁鞋大盗设下的圈套，他在拉花满楼的手时，偷偷在他手上抹了些灰，因为他断定铁鞋大盗害怕暴露身份，不敢让花满楼摸到自己的脸，而只有宋神医的脸上没有被抹上灰，所以他就是铁鞋大盗。

电影的结局证明陆小凤的推理是正确的，那么这种推理能否用到记忆当中呢？事实证明，这是完全可行的。推理记忆法就是这样一种根据事物的关系进行推理、记忆的方法。

推理记忆法跟因果联想记忆法有重合的部分，但它的涵盖面和适用范围更为广泛。推理记忆法不仅能用来推导有因果关系的记忆内容，还能用来推导具有相近、相似、并列、承接、递进等关系的记忆内容。

记忆汉语词语中的实词时，我们可以使用推理记忆法，首先我们要根据一个词语推导出它的近义词、反义词等。如“爱”这个词，有“吝惜，舍不得；爱护、爱惜；喜欢、亲爱的、心爱”等多种意思。所以我们可以对此进行推导，爱在古代有吝惜、舍不得之意，所以在不忍心放弃却不得不放弃某个心爱的物品时，我们会用“忍痛割爱”一词。对舍不得的东西，我们自然是心中喜欢，对喜欢的东西我们会加以“爱护”，喜欢有心爱之意，所以人们常称与自己有亲密关系的人为“爱妻”“爱女”“爱徒”等。

在学习英语单词的时候，我们也可以根据推理记忆法推导一个英语词汇的时态和语态。在记忆内容繁多而零碎的知识时，我们不妨尝试着使用推理记忆法，找出各个知识点之间的规律，使需要学习和记忆的内容更具有系统性和条理性，这样在记忆的时候才会更加快速和高效。

首字母记忆法

琳琳正在宿舍的微信群里跟其他舍友聊天，但她发现自己似乎和同龄的舍友有代沟，因为她自己平时不喜欢上网，对网络语的了解还停留在GF（Girl Friend）、BF（Boy Friend）的层面，但其他几个舍友都是已经有好多年网龄的网民，成天混迹各种贴吧、论坛，和自己聊天的时候，舍友们时不时地蹦出几个她听都没听过的词。例如，当一个舍友说了自己的糗事时，其他的舍友竟然发了一连串的“hhhh”，她想了半天也弄不懂为什么舍友要发这么多的“h”，这个“h”是什么意思呢？

舍友看到她的问题，纷纷表示无语，但还是耐心地给她解释道：“这个

'hhhh'就是'哈哈哈哈'的意思。"像"不喜勿喷、火钳刘明"这些还算简单的，更让她一头雾水的是舍友们在讨论八卦时，不时蹦出的"李涛""不吹不黑""sxbk""撕站位""私生粉"等词语，她是一点都理解不了，只好上网去搜，结果发现"李涛"不是人名，而是理智讨论的意思；"不吹不黑"不是不吹蜡烛天不黑，而是不吹牛皮也不黑人地说出客观事实的意思；"sxbk"则是成语丧心病狂的缩写……

现如今网络上很多流行语都会用首字母缩写的方式来表示，如：CP是英文"Character Pairing"（人物配对）的一种缩写，意思是两个人物之间的配对关系；"emmmm"则是"哦""嗯"等语气词的首字母和代表着尾音的"m"组成，表示"无语、一言难尽"的意思，这样的网络用语也更容易被人们记住。首字母记忆法就是将复杂的词语简化为由首字母代表词语的缩写，方便记忆的一种方法。

首字母记忆法的应用范围非常广泛，如世贸组织"WTO"，就是由英语"World Trade Organization"简化而来，北大西洋公约组织"NATO"则是"North Atlantic Treaty Organization"的缩写。这些缩写就是由几个单词的第一个字母组成的。记住这几个单词并不容易，但记住几个字母就简单得多了。

所以在记忆知识点的时候，我们可以使用首字母记忆法，提取出关键的内容加以记忆。这样我们需要记住的知识点不变，但需要记忆的内容却变得少而精，为我们的记忆减轻了负担，提高了记忆的效率。

即时记忆法

小明和月月都是刚上初中的学生，两个人小学的基础打得很好，各科的成绩也都相差不大，所以两个人以并列第一的成绩升入了初中，并且在同一个班级。上课的时候，两个人明里暗里都在较量，听讲的态度一个比一个端正，回到家也都各自认真地完成老师布置的作业。本来两个人的成绩应该相差不大，但经过半年的学习，期中考试时，两个人的成绩却拉开了很大的距离，月月依旧名列前茅，小明的成绩却落到了前十名之后，这让他有些沮丧。他询问月月学习的诀窍，月月说："我没有什么诀窍啊，就是老师上完课之后，我会借着课间休息的一两分钟时间，把老师讲过的要点迅速回忆一遍，这样我就记得更加牢固了。"

小明想到自己一下课就跑出去和其他男生疯玩，顿时明白了两人的差距是如何拉开的。于是他尝试着用月月的方法学习，每次老师讲完课后，都抽出一两分钟的时间回忆一下重要的知识点，学习成绩果然有所提升。

月月所使用的这种方法就是即时记忆法，"即时"，有"立刻、马上"的意思，也就是说，在学到一个知识点、记住一些知识之后，要马上进行回忆，这样能够加深印象，使记忆效果更佳。这也是为什么有些老师总会在讲完一个知识点之后停顿一两分钟，这个停顿的时间就是为了让学生消化所学的知识，加深记忆。

即时记忆法可以是在记住一个知识点之后迅速回忆；也可以是在经过半个小时或一个小时的学习之后抽出几分钟的时间进行概括性的整体回忆；还可以是在临睡前，在脑海中回忆一下当天所学的知识要点。回顾之后，如果发现有遗忘的内容，要立即补看一遍。到了次日早晨睡醒的时候，再次进行回忆，这样一次次地重复记忆，不但有助于我们巩固所学的知识，也有助于记忆力的提高。

长时记忆法

长时记忆指的是对某种信息、知识等保持时间在一分钟以上的记忆，这种记忆甚至能够保持多年，或者终身，是名副其实的永久性信息存储。长时记忆有由于印象深刻而一次性形成的，如偶然在雨后天空中看到的彩虹，可能多年之后在我们的记忆中仍然散发着独特的光辉；雷电拦腰劈断大树带给我们的震撼，也会让我们对这个场景久久难忘；第一次看到钱塘江大潮带着吞天沃日、排山倒海的气势，朝我们奔涌而来的场景，让我们多年之后想起来耳边依旧能够回响起雷鸣般的潮声。也有短时记忆多次重复而形成的，如我们背诵过很多次的文章、公式等。

长时记忆的容量很大，但长时记忆所接收的信息并不是零碎、散乱的，而是以有组织的形式被储存起来的。长时记忆根据所储存信息的类型分为语义记忆和情景记忆两种。语义记忆又叫作词语记忆、言语编码，是通过有关字词或者其他语言符号、指代物、识记材料之间的联系等来对信息进行加工，按照词语的意义、语法、系统分类的方法，先把识记材料组成一个词组，然后加以记忆。

情景记忆又叫作表象编码记忆，是将与识记内容相关的特定场景、时间和空间的坐标，包括观察到的画面、听到的声音、闻到的味道、触感等一并进行记忆。

这两种类型的记忆都能够形成长时记忆，多年之后再回忆，依然能够轻松地从记忆中提取出来。

那么如何掌握长时记忆法？首先需要识记，毕竟欲忆必先记，这是所有记忆法必经的一个过程。识记的时候，利用身体的感官去体验、感知、接收和思考外界的信息，随后根据记忆类型的不同，将其进行言语编码和表象编码，找出这些信息之间的规律和与之前所记忆内容的联系，并进行充分的思维加工，将其纳入我们的知识体系之中。这样就能够形成长时记忆，获得经久不忘的记忆效果。

填充记忆法

张璐最近学到了让学生们颇为头疼的长诗《琵琶行》，这么长的诗，读完都要大半天的时间，何况是背诵呢？她一连背诵了几个早上，也没有把整首诗背诵下来。她烦躁地挠头，几乎不想再继续这种毫无收效的背诵。同桌黎欣见她一脸沮丧的样子，安慰道："你不要灰心，其实你背了几个早上，已经记得差不多了，只是背得不太顺畅而已。"张璐无精打采地说道："怎么可能？我甚至都不能连贯地背诵下来，我觉得自己在浪费时间，这样死记硬背根本没有任何成效。"

黎欣于是提出自己读一句，让张璐背出这句诗的上句或下句的方法，来检验张璐的背诵成果。张璐稍微打起了精神，只听黎欣拿着书念道："浔阳江头夜送客……"张璐很快就接上下句"枫叶荻花秋瑟瑟"。一连提了几句，张璐都背诵下来了，黎欣说道："看吧，你的背诵是有效果的，这些你不是都记住了吗？"

张璐辩驳道："因为你提的都是前几段的诗，这是我记得最多遍的，当然能记住啊。"黎欣又给她提中间的诗句："钿头银篦击节碎……"张璐也很快接道："血色罗裙翻酒污。"

黎欣："'相逢何必曾相识'的前一句。"

张璐："同是天涯沦落人。"

两人一连接了十多句，不管提前一句还是后一句，每次张璐都能很快地接出来，在这个过程中，张璐自己也生出了信心，她以为自己没记住的内容，大脑竟然记得清清楚楚。这令她感到惊喜，背起书来也有了动力，用这样提问的方式，她很快就把整首诗给背诵了下来。

两个人所使用的方法正是填充记忆法。填充记忆法又叫填空记忆法，有点像我们做填空题，给出词语、成语或诗句中的一部分，让我们补充缺失的那个部分。

填充记忆法有着重强调的作用，有助于我们记住知识中的重点、要点。利用填充记忆法记忆的时候，我们不仅能够学到新知识，还能够找出新旧知识之间的联系，将新知识纳入尚未完善的知识体系当中，巩固知识，提高记忆力。

所以，我们在记忆某些重要的知识、概念、定义时，不妨尝试运用填充记忆法，找出知识点中精要的部分，然后将整个知识点汇总成填空习题，将重点空出来。根据记忆的成果将缺失的重点填补完整，再加以记忆，这样我们学习和记忆时才能更有效率。

平行记忆法

平行记忆法又叫作右脑平行记忆法。前文曾经提到，左右脑在记忆方面的分工不同，如左脑擅长语言记忆，而右脑则更擅长表象记忆，也就是说，把眼睛所观察到的整体的表象、图像等信息直接回馈到大脑中，右脑负责将接收到的全部信息囫囵吞枣地存储下来，就像照相机定格了某个场景一样。所以，右脑记忆又称作平行记忆。

左脑遵循逻辑顺序，在处理记忆信息的时候采用的方式是从局部到整体的逐渐累积，所以在记忆的时候更注重分析、理解，找出记忆内容的逻辑、规律等，需要花费的时间较多。右脑平行记忆更为机械化，处理记忆信息的方式与左脑相反，是从整体到局部的并列式。它不注重理解记忆内容，只需要一眼就能把记忆内容作为图像定格并保存在大脑之中，明显要省时省力，而且记的东西更多。所以在记忆零碎而无规律的知识时，右脑平行记忆法更为适用。

一个棋手能够在棋局结束之后很快把刚刚博弈的棋局分毫不差地重新摆出；演奏家能够看一眼就轻松地记住一连串音符，这都是平行记忆法所产生的作用。我们在学习的时候也能用到平行记忆法，例如，记忆英语词汇的时候，一个单词一个单词地记忆，效率并不高，但是如果我们用平行记忆法，像照相一样把这些单词定格并传送到大脑中，那么，我们背诵单词时就能背得又多又快，在学习效率提高的同时，右脑处理记忆信息的能力也在不断提升，我们的记忆力自然会随之得到强化。

换位记忆法

莉莉最不喜欢的一门课程就是地理课，让她背诵世界第一高峰是哪座、八大行星分别是哪八个、赤道的定义等知识点，她还能通过死记硬背的方式记住，可是要记住稍微复杂一点的问题，如城市热岛效应、气旋与反气旋、洋流等，就太难为她了。她尝试了很多学习方法，可是都收效甚微。就在她无奈地翻开课本等待上课的时候，突然看到了在教室外边看风景的地理老师，她突发奇想，如果自己作为地理老师，那么这节课我要教的内容是什么？我希望学生掌握的重点又是什么？带着这些疑问，莉莉翻开了地理课本，画出了她认为这节课需要讲的几个重点。

结果上课的时候，老师所重点教授的内容里果然有她画出的那些，虽然有些偏差，但并没有打击莉莉学习的热情，她发现自己学习起来更有兴趣了。而且在老师教授的时候，她也不再像以前一样只是单纯地听，而是开始一边听一边思考，也尝试着举一反三，成果非常可观。

从此以后，每次地理课上课之前，她都会把自己当作地理老师去备课，抓住重点，慢慢地，她的学习成绩有了稳步的增长。她发现按照这种方式去学习，比之前跟着老师的教学步骤亦步亦趋或是推一步走一步的状况好多了。她果断地将这个方法运用到了其他学科上，也都有不错的成效。

莉莉所使用的把自己当作地理老师去思考、学习和记忆的方法，实际上就是换位记忆法。生活中我们劝解两个发生矛盾的人时，总会让他们试着换位思考，站在对方的角度上设身处地地考虑问题。换位记忆法就是利用了换位思考的思维方式进行记忆的一种方法。

当我们像莉莉一样站在老师的角度去考虑“如何让学生学会、记住这些知识点”的问题时，我们考虑问题就更为全面了。首先我们会系统地将记忆素材全部预习一遍，找出其中的重点，然后从多个角度进行思考，尽量把记忆素材转化为最容易理解的内容，方便学生学习和记忆。预习、思考、分析、总结的过程同样也是加深记忆的过程，将这些步骤全部经历一遍，我们的记忆又怎么会不牢固呢？

Chapter 7

构建记忆王国

归类记忆法——有条理的记忆

归类记忆法又叫作分类记忆法，顾名思义，就是对记忆内容进行分析并分门别类地整理，然后加以记忆的一种学习方法。

我们的记忆根据接收信息的器官不同，可以分为很多种，如视觉记忆、文字记忆、听觉记忆、触觉记忆等，这是人类的大脑进行自然分类的结果。但我们在接收信息之后还会对所接收的信息进行再次分类，这次分类的依据是记忆素材属性的不同。这样的记忆方式能有效地帮我们记住更多的知识，因为在我们的知识累积到一定数量的时候，为了记住更多的知识和方便我们提取之前记忆的内容，我们必须对记忆的内容进行有意识的分类。

用归类记忆法进行记忆，有助于我们对不同种类的知识进行复习和回忆。

归类记忆法的操作步骤也非常简单。在使用归类记忆法之前，我们要有明确的目的，将不同的知识按照其属性和逻辑归类到不同的知识系统中，以便我们理解和记忆，比如，在记忆词语的时候，把同义词归为一类，反义词归为一类。

在对记忆内容进行归类时，首先我们需要全面分析资料，把繁杂的知识精简化，把散碎的内容条理化、系统化。再根据我们分类的信息对这些精要的知识进行进一步的处理，如根据实际情况把知识列成容易理解的图表，或对记忆内容进行联想，等等，尽量使记忆素材条理清晰、一目了然。

归类之后，对归纳的知识点加以记忆，能够有效地缩小记忆的范围，快速抓住记忆内容的重点，减轻记忆负担。在理解的基础上进行记忆，有助于节省精力和提升记忆力。

重点记忆法——去芜存菁，着重记忆

在听其他人演讲、发言的时候，我们会发现，说到某些关键的词语时，发言人总是会把声音提高，而且附上相应的动作或夸张的表情。其实无论是陡然提高的声音、突然做出的动作，还是夸张的表情，都是发言人对重点内容的一种强调。发言人下意识地希望听众能记住自己所讲的重点。

上课时，老师也会采取这种方式来给学生留下深刻的记忆，在讲到重要的知识点时，声调抑扬顿挫，让学生们想转移注意力都很难。很多大学生平时可能会出现逃课的现象，但是到了考试前的两个星期，几乎没有人会逃课。因为在临近考试的一周，任课老师会“大发慈悲”地带着学生把重要的、极有可能会考到的知识点画出来，方便学生重点复习或临时抱佛脚，以免挂科。

以上发言人和老师的这些做法，其实都有重点记忆法的痕迹。

重点记忆法就是根据记忆内容找出重点并且加以着重记忆的一种学习方法，上文介绍的很多记忆方法其实都用到了重点记忆法。

在面对繁杂的记忆素材时，我们不可能一下子就把记忆素材的全部内容囫囵吞枣地记下来，这既浪费时间，也不现实。所以我们首先要做的就是对记忆素材进行全面综合的分析，而分析记忆素材的目的是摒弃记忆素材中不重要的内容，总结出记忆素材的重点、要点，然后进行有目的的记忆。

所以重点记忆法起到的就是强调和突出的作用，强化重要知识点在我们脑海中的印象，形成长久的记忆。这有点像我们小学时做过的缩句，如“今天妈妈打扮得漂漂亮亮的带我去市中心的动物园看了活蹦乱跳的金丝猴，它们真可爱啊！”删掉所有不重要的形容词、语气词等，只留下关键词：“今天妈妈带我去动物园看了金丝猴。”这样画出重点再进行记忆，我们会轻松很多。

螺旋记忆法——由浅入深，反复记忆

张烨平时没事的时候就喜欢看小说，他最近在追一本悬疑的连载小说，一边看一边猜测真凶，为了交流看小说的经验，他还特意加入了一个读者聊天群，专门用来讨论剧情。他看聊天群里有不少读者都提出了自己的分析和见解，甚至有人还提出自己的猜测：“真凶应该就是在前几章出现过的那个 ××。”张烨想了半天，愣是没有想起这个 ×× 是什么时候出场的，而且书中出现的很多配角的名字他都忘记了。

看别人分析得出的结论，他表示佩服的同时，心里也生出一点疑问，为什么他们能够记住这么复杂的剧情和如此多的人物呢？这种长篇的小说光是看也要花费几天的时间，再总结岂不是更耗费精力吗？还是说这些人有独特的记忆剧情和角色的方法？带着这种疑问，他点开了私聊。

一位读者坦白地告诉了他自己的记忆诀窍，他每看一章剧情，就会回顾一下上一章的剧情，寻找两章之间的关联、剧情的重点、支线剧情以及分析配角所起的作用等。这样坚持看下来，他才能够记住那么详细的剧情和书中看似无足轻重，实则不时就会刷一下存在感的角色。

这种方法其实就是螺旋记忆法，螺旋记忆法是一种通过编码、定桩和联结，对识记素材进行螺旋往复记忆的方法。我们在看一本书，尤其是厚一点的书时，如果按照平时的方式从第一页看到最后一页，那么我们会发现，看完的同时，前面的内容也忘记得差不多了。这就不由得让人产生了沮丧的心理，仿佛自己的书白看了，什么内容都没有记住。

其实，只是因为我们没有采取正确的方法，所以才会像“狗熊掰棒子”一样边掰边扔，螺旋记忆法恰好能够帮助我们进行针对性的复习和记忆，避免这种状况的发生。

要使用螺旋记忆法，首先我们要把需要记忆的内容分为几个组块，分组之后，找出每个组块的重点进行编码。我们可以把关键的内容编码为便于记忆的数字、符号等，随后使用定桩的方法，把编码处理过的数字、符号想象成画面。最后要做的是联结，需要我们在记忆新的内容时回顾旧的内容，加深记忆。这样就能够把需要记忆的内容联结到一起，进行回旋式的、由浅入深的、螺旋往复的记忆。这样不仅能让我们在需要的时候快速提取记忆内容，还便于我们检验记忆的效果，在复习记忆薄弱的环节时，也能更具有针对性，节省时间和精力的同时，大大提高记忆的效率。

复述记忆法——将记忆内容变成自己的话

5岁的乐乐被爸爸带着去了一趟市中心的动物园。回来之后，乐乐坐在沙发上看电视，妈妈走过来问他：“乐乐，爸爸今天都带你看了什么动物啊？妈妈都没有见过，你给妈妈讲一讲好不好？”乐乐动画片也不看了，掰着手指数到：“今天去动物园，爸爸先带我去看了老虎，那两只老虎很大，身上的花纹也很漂亮，可是我没有在它额头上看到‘王’字；看完老虎爸爸带我看了羊驼，它们都趴在地上，我叫它们，它们也没有站起来。然后我们看了特别漂亮的珍珠鸡、荡秋千的猴子和抓了好多坚果的小松鼠，它跑得太快了，我差点都没有看到，爸爸还给我买了冰激凌……”

相信很多大人都做过让孩子说出自己所见所闻的事，这其实是一种培养孩子观察力、表达能力以及训练孩子记忆力的方法。因为在复述见闻的时候，孩子的注意力是高度集中的，他们在搜索自己的记忆。回忆、复述的时候，孩子的表达能力、记忆力都得到了有效的训练。而且养成复述的习惯后，孩子出门时也会注意用心观察，如此一来可谓一举三得。

这种培养观察力、表达能力以及训练记忆力的方法就是复述记忆法。复述记忆法又叫作自我复述记忆法、理解复述记忆法。它是在理解识记材料的基础上，利用自己的语言将识记材料的内容复述出来，达到提高理解能力、巩固记忆目的的一种学习和记忆方法。

复述记忆法并不像网络上流行的游戏学舌猫那样，原封不动地将别人的话重复一遍，而是需要我们自己理解识记材料的意义。复述是一种进行短时记忆信息存储的有效方法，在短时间内，我们通过复述所记忆的信息，不会因为外部微不足道的刺激而造成遗忘。

复述记忆法分为两种，一种是机械复述，即通过将短时记忆中的信息不断地简单重复的方式，使我们所记忆的信息由短时记忆转变为长时记忆。另一种是精细复述，需要我们对短时记忆中的信息进行分析和分类，使之和之前所记忆的内容建立一定的联系，这样就不容易遗忘。

使用复述记忆法的时候，我们的精神和注意力高度集中，所以在识记的时候才会对记忆素材留下更深的印象。在复述的同时，我们自身也会去理解识记内容，并组织语言把识记材料变成我们自己的话，这进一步加深了我们的记忆，巩固了我们所学习的知识，可以说简单易行，收效明显，适用于各种记忆素材。

总论记忆法——抓住问题的关键

日常生活中，很少有人具备过目不忘的本领。我们所见到的东西，并不是见过就会记住，大部分都会被我们遗忘。那么我们如何才能记住我们需要记忆的内容呢？这就用到了总论记忆法。

总论记忆法又叫概括记忆法，是对识记材料进行提炼、概括，找出其关键点加以记忆的一种方法。总论记忆法在古代就已经被许多文人墨客使用。

古时候的文人墨客在看完一篇文章后，会总结自己的感悟，用简单明了的话语阐述自己的看法，其中最著名的还属孔子的那句“诗三百,一言以蔽之，曰：‘思无邪。’”到了现代，很多小说或者推荐小说的文案也都配有内容简介，方便读者理解和记忆故事梗概。

总论记忆法的具体操作步骤就是把大量的识记素材进行简化、提炼之后，留下最关键的部分，再用最简单的一个字、一个词语、一句话来进行概括，表达出识记素材中核心的内容，然后加以记忆。

这与小学语文老师让学生们概括段落大意是一样的。每个语文老师在教授一篇新的文章时，都会让学生们进行逐段总结，用简单的话来概括出每一段的大意。我们现在仍然可以采用这种方法来进行记忆。

在记忆识记素材的时候，我们可以对识记素材进行逐段的分析，将长长的段落所表达的丰富内涵、思想等简化为一个关键词或者是一句提炼了段落大意的话。每段都进行提炼之后，我们就得到了一个大纲，这时，只要我们记住大纲，就等于记住了识记素材中所有关键的部分，这样记忆起来就方便多了。

关联记忆法——编造记忆之网

期末考试的考场上，丁凯先审了一遍试卷，然后拿起笔开始做题，可是做了没一会儿，他的笔速就慢了下来，后来干脆直接停了。原来是补全诗词的题目难倒了他。看着卷子上的题，丁凯烦躁地挠头，他怎么也想不到自己会被这几句诗给难住，明明就是课堂上背诵过的诗句，为什么就是记不起来了。丁凯思考了一阵儿，越急越想不起来。于是他抬起头眺望窗外，窗外的绿树、蓝天很快让他的心情得到了平复，他决定做完其他题再回来想这几句诗。

写完了作文，他回过头来重新做诗词填空。想了半天，依然没有想到“春蚕到死丝方尽”的下一句是什么，他想，自己什么时候学的这首诗呢？老师讲这首诗的场景又是怎样的呢？这样想着，他陷入了回忆，那天语文老师精神抖擞地在讲台上一句一句地分析这首诗，黑板上的诗句还是课代表用黄色粉笔写的，丁凯甚至记得讲到“相见时难别亦难”的时候，同桌的橡皮掉到自己的桌子上，弹了一下才掉到地上。老师还强调了“春蚕到死丝方尽”这句用到了双关“丝”同“思”，而下半句把蜡烛燃烧滴下的蜡油比作人的眼泪。对了！就是“蜡炬成灰泪始干”。

丁凯睁开双眼，信心满满地写下了这句诗，其余的诗句也都用这种方法回想出来了。

丁凯所使用的方法正是关联记忆法。关联记忆法指的是找出记忆素材与时间、空间、背景、其他记忆素材、以往经验等之间的联系，形成知识链条、知识网并加以记忆的一种方法。关联记忆法分为场景关联、感官关联、顺序关联、反向关联等多种形式。

场景关联法就是像丁凯一样，在想不起来的时候就回想当初记忆知识时的场景，通过熟悉的场景一点一点地找到记忆中自己所需要的内容。只要我们将最初记忆知识时的相关场景一一回忆起来，我们所需要的知识就能够被牵引出来。

顺序关联法是按照识记材料的顺序进行回想的一种方法。我们背诵一首诗，唱一首歌都是由第一句开始的，所以在其他人提问的时候，我们最先背诵出来的也都是第一句。如果陡然让我们背诵第三句或者第七句，我们恐怕在短时间内无法反应过来，究其原因，当初记忆的时候是按照诗句的顺序进行记忆的，所以当我们想不起来其中一句的时候，不妨从头开始背起，然后顺着将我们需要的那句背诵出来。

反向关联和感官关联等也都是用这样的方法，在记忆中搜寻不到我们需要的内容时，就把记忆识记材料时的场景、感官体验、与其他识记材料之间的联系等一并回想出来，这样我们需要的记忆内容也就被带了出来。而且用这种方式既可以强化我们的记忆，又可以加深我们对识记材料的理解，减轻记忆的负担，达到简单高效记忆的目的。

卡片记忆法——增加记忆仓库的库存

高一刚开学，周玲就发现自己的学霸同桌郑悦的桌子上放了很多不同颜色的卡片，按照红、橙、黄、绿、青、蓝、紫的顺序排列得整整齐齐。她本来以为郑悦是喜欢玩折纸才弄这么多卡片的，可郑悦却说她想错了，自己弄这么多不同颜色的卡片不是为了折纸，而是为了记住各科的知识点，用不同的颜色记录不同的科目。周玲心想，用卡片记吗？怎么记？为什么不干脆做笔记呢？这样多麻烦啊！

可是开学没多久，她就发现了郑悦的这种学习方式的高明之处，每次郑悦在课堂上做完随堂笔记，就会抽出一小段时间，把知识点总结到一张卡片上，没事的时候就看上两眼，看完再夹到笔记对应的那一页。如此过了一段时间，每次老师提问的时候，郑悦都能对答如流，把很多公式、概念也记得非常牢固，写作文的时候引用名人警句、典故等几乎是信手拈来。

周玲有时候做题一时间想不起来某个公式时，郑悦都能在第一时间把公式背诵出来。周玲借阅了郑悦的笔记，同时仔细观察了郑悦制作的那些卡片，发现郑悦的笔记和卡片都制作得条理清晰，一目了然，记忆起来也很方便。于是她果断去买了同样的卡片，按照同桌的方式制作起了自己的卡片，一段时间之后，她感觉自己所学的知识明显比之前稳固扎实了很多。

卡片记忆法指的是将记忆素材写在小卡片上进行记忆。中外很多学识渊博的人都曾用这种方法来进行记忆。法国著名的科幻小说家儒勒·凡尔纳一生不仅做了几百本笔记，更制作了25000多张卡片。鲁迅先生在写《中国小说史略》时，制作的分类摘抄卡片也有5000多张。研究明史的专家吴晗一生看过的史籍数不胜数，做了许多读书笔记和卡片，其中与《明史》有关的卡片就有20万张之多。吴晗还把自己学习和记忆的经验教给学生："一个人要想在学业上有所建树，一定要坚持做卡片笔记，卡片笔记积累多了，功到自然成，通过对大量资料的归纳分类，分析研究和综合利用，就能创造出自己的作品来。"

卡片记忆法有着便于理解、记忆和积蓄知识的作用。首先，我们在抄写卡片之前，必然是对记忆内容进行理解和综合分析过的，这样我们就抓住了记忆内容的精要部分，能用简单的语言总结丰富的思想内涵，加深了印象；其次，在抄写的过程中，我们的注意力集中，将心思放在抄写上，手、眼、大脑等多种感官都在发挥作用，这样就促使我们的大脑通过多通道来接收信息，进一步深化了记忆。卡片上摘抄的内容能够长久地保持在我们的记忆之中，当我们需要用的时候自然能够信手拈来，在复习的时候，我们也能很快找出记忆薄弱的环节进行重点复习。久而久之，不仅知识的储备量不断增加，所学的知识记得更加牢固，而且记忆力也会得到提升。

集成记忆法——由小到大的记忆集合体

集成记忆法又叫规律集成记忆法、集成系统记忆法，是一种把所要记忆的信息进行分类，然后把不同类别的信息与之前所接收并记住的信息进行联结并加以记忆的方法。

留心观察日常生活，我们不难发现，每天我们所接收的信息都是零碎的，而这些信息我们也不能做到全部记住，有的时候我们可能只会记住“楼下垃圾箱边有一只狸花猫”“出门之前关上燃气阀”“公交车上的广告换成了自己喜欢的明星”等毫无关联的信息。

这些信息是零碎、无规律的，而且我们每天记忆的信息都不一样，可能今天记住的是“路边一棵银杏树叶子全黄了”，明天记住的是“物业贴了提醒缴纳物业费的通知”，后天记住的是“小区门口共享单车倒了”。紧随着记忆发生的是遗忘。可能我们昨天记住的事情，今天一觉醒来就忘得一干二净，而今天记住的信息，到了明天又被遗忘，记忆起来也没什么效率。如何才能避免频频遗忘呢？这就需要用到集成记忆法。

科学研究发现，一个成年人能够一次性记住大约七种零散的信息，而记忆的诀窍就在于把记忆的七种信息进行分类，然后再分别根据各个信息的属性，添加到不同的类别中，这样我们只需要记住这些信息的类别名称，稍加联想，就能够记住这些信息。而需要用这些信息的时候，我们只需要从记忆中找到相关信息的类别，就能够迅速把我们需要的信息找出来。

这也是之前介绍一些记忆法总有一个关键的步骤——“找出各个记忆素材之间的规律”的原因，找到记忆素材的规律之后，我们就能够将零碎的记忆信息整理成一个信息系统，把各个信息划分到合适的类别和位置中，这样记的时候就能够把各种记忆素材连成一片，形成知识体系，便于记忆和获得忆一牵百的效果。

规律记忆法——触类旁通，举一反三

规律记忆法是抓住事物的规律进行记忆的一种方法。世界上万事万物都有规律可循：太阳从东方升起，从西方落下；人们早出晚归；春天播种，秋天收获；红灯停、绿灯行；等等，都是万物适应自然规律、社会规律的结果。规律是事物之间内在的必然联系，它决定着事物发展的必然趋向。而且规律是客观存在的，并不会因为人的意志而转移。我们不能因为没睡饱就阻挠太阳升起，不能因为讨厌炎热的夏天、寒冷的冬天就让四季的转换停在春秋两季……

那么，我们怎么抓住事物之间的内部规律呢？举例来说，中国的汉字成千上万，且结构复杂，但细心观察不难发现，很多汉字会用到同一个偏旁，如“炒、炸、烧、炖、煨、烤、烙”等字都用到了“火”字旁，“火”这个偏旁就是这些字之间的内部规律。而从读音上来看，就更简单了，尽管汉字中有很多是多音字，但不管它们究竟由多么复杂的笔画组成，在拼音上终究逃不出23个声母，24个韵母，16个整体认读音节和4个声调。所以幼儿园和小学老师在教学生们识字的时候，都会从拼音开始，记住了拼音，也就能读出大部分字。

英语单词也是如此，不管多长的英语单词，在拼写上总是绕不过那26个英文字母。掌握了这个规律，我们学起英语来就相对容易了。

所以在记忆事物的时候，我们要学会找到事物之间的规律和联系，这样才能够帮助我们更快、更好地记忆。如在学习历史方面，我们可以发现，中国古代多个朝代的历史有着相似的兴衰规律，掌握这个规律后，就能很快从复杂的史料中提取出重要的信息，找出各个知识点之间的联系，这样我们在进行学习和记忆时就会比较轻松。在数学方面也是如此，三角函数的诱导公式有54个之多，但是这些诱导公式所表达的三角函数关系却有着一个共同的规律，人们根据这个规律总结出了“奇变偶不变，符号看象限”的口诀，这样一来，我们推导这些诱导公式的时候就简单多了。

在日常生活中做一个善于观察分析事物各部分之间关系、善于总结事物规律的人，这样有助于我们形成灵活的思维，提高我们分析事物和理解事物的能力，达到举一反三、触类旁通的效果。也能够帮助我们推导和预见事物的发展趋向，与此同时，我们的学习能力和记忆力也会得到明显的提高。

系统记忆法——由点到线、面的记忆

系统记忆法是需要我们找出各个记忆素材之间的内部关系、记忆素材与以往经验之间的关系，以便形成知识组块来进行整体记忆的一种方法。

弗朗西斯·培根说过："一切知识不过是记忆。"我们所掌握的知识、经验等都是记忆的组成部分。要想掌握知识，必须经历记忆这个步骤。记忆分为两个部分，分别是"记"和"忆"。"记"指的是我们在刚开始接触记忆素材的时候，脑海中会留下初次印象，这种记忆素材给我们留下的印象就成了最初的记忆。

例如，小时候第一次看到毛茸茸的小狗朝我们扑过来，围着我们打转，我们的脑海中就留下了小狗活泼亲人的印象。但是如果小时候第一次看到狗的情境是恶狗追着我们咬了几条街，那么可能会对狗这种生物产生一种恐惧的心理，因为第一次见到狗时，脑海中留下的就是凶残咬人的印象。

"忆"则是我们对之前见过的事物的再认或再现的过程，这时我们会把之前所记忆的信息从大脑中提取出来。由"记"转化为"忆"是非常复杂的，需要我们不断地重复再认、回忆、思考和联想等过程。如此才能把最初的"记"转化为长时间的记忆，但多数情况下我们还是会出现记错的状况。之所以会发生这种状况，就是因为没有把琐碎的记忆形成有机单元或记忆系统。系统记忆法就很好地弥补了这个缺陷。

我们记的过程其实就相当于往电脑中存储资源的过程，我们是怎么存储的呢？建一个文件夹，命名为“音乐”，然后把我们喜欢的或是需要的音乐都存储到这个文件夹之中；再建一个文件夹，命名为“小说”，把我们喜欢的小说都存放进去。此外还可以建立名为“电影”“作业”“图片”“表情包”等的文件夹，用来存放不同类型的资源。这样清晰地分类之后，当我们某天需要某个类型的资源时，就能够在短时间内迅速找到。

系统记忆法的操作步骤与之相同，不过是把电脑换成了大脑。把手动操作换成了意识操作，所以我们在学习和记忆新知识的时候，要注意对这些新知识进行分析、归类，将它们纳入相应的“文件夹”之中，把零碎的知识融入整体的知识结构之中。这样我们不仅记起来方便，回忆的时候也能够快速高效地在记忆仓库中找到自己所需要的内容，提高记忆效率。

自测记忆法——随时随地检测记忆

自测记忆法是一种通过自我检查记忆的效果来增强记忆力、提高记忆效率的方法。在学校时，老师常常会语重心长地对上课开小差的同学说：“老师能做的只是把知识教给你们，你们听没听进去、听进去多少、学会了多少，你们自己再清楚不过。”的确如此，老师想要知道我们掌握多少知识，也只能采取出试卷让我们做这种方法。但试卷包含的内容未必全面，所以我们每天见到多少东西、记住多少东西只有我们自己能弄明白。怎样才能够清楚了解自己记住了多少知识？又怎样能够让这些好不容易记住的知识长期地留存在我们的记忆之中呢？

自测记忆法无疑是众多记忆法中最有效的一种。

自测记忆法适用于任何记忆素材，它不仅能够帮助我们了解自己学到了多少知识，还能够准确地找出我们没有学好、没有记住的知识，而且能在发现存在记忆混淆的状况时，第一时间进行核实、矫正，以加强记忆。同时，自测记忆法能够培养我们随机应变的能力。参加过考试的人都知道，考试中从来不会出现课本上的原题，而是换一个角度出题来考验我们是否牢固地掌握和能够灵活运用某个知识点。采用自测记忆法，我们能够对所学的知识进行深入的、多角度的理解，以便举一反三、自如应对。

从时间的分配上来说，自测记忆法分为定时测验和随时测验两种。

定时测验根据时间和课程内容等可以分为当日测、周测、单元测、全书测几种。当日测指的是当天学过的知识，到了晚上的时候默默回想一遍，检验当天的学习成果。周测指的就是将上周所学的知识点回想出来，检查一周的学习成果，对薄弱的知识点进行重点复习。单元测指的是在学习完一个单元的课程之后，仔细回想该单元中有哪些知识点。全书测指的就是学完整本书之后，根据目录去回忆每个小节的知识点，还可以挑出最重要的几个知识点，按照不同的角度出题，用做题的方式检测自己是否牢固地掌握了这些重要的知识。随时测验指的是抓住闲暇的时间，随时随地对自己所学的内容进行检验。

从测验的方式上来说，自测记忆法可以分为默写、尝试回忆、交谈争论、自问自答、对人试讲、实践检验等多种形式。

默写指的是通过默写知识点的方式进行自测，这也是加深记忆的过程，因为此时我们的手、眼、大脑全都处于精神集中的状态，能够很好地巩固记忆。

尝试回忆指的是“过电影”式地把所学内容逐个在脑海中过一遍，这样我们能够找出记忆中印象较弱的部分，进行重点复习和记忆。

交谈争论指的是针对同一个知识点与其他人进行交流，在交流的过程中，有意识地将自己与他人对比，发现他人的长处，以此来检测自己对某个知识点究竟掌握到了哪种程度。有时候，通过争论的方式，也能让我们发现正确的观点、及时矫正错误的观点。

自问自答即换位思考，把自己当作老师，思考“假如我是老师，我想让学生掌握哪些知识点”，从多个角度提出问题。这样能够有效地训练我们的应变能力，增强我们的记忆。

对人试讲又叫复述，丢开所有的资料，用自己的话把知识点讲给别人听。这样能够使自己更深入地理解所学的内容，使我们的印象更为深刻。

实践检验则是应用知识的过程，毕竟记忆不只是为了记住，更是为了认识世界和储备知识，提高自己解决问题的能力，所以实践检验至关重要。经常应用我们掌握的知识，这些知识就不断地得到巩固，最终形成了经验。

Chapter 8

记忆也有捷径可走

静谧与嘈杂——外部环境对快速记忆的影响

小时候，华罗庚家境贫寒，初中未毕业便辍学在家。辍学之后，他对数学产生了强烈的兴趣，而且学习数学时非常用功。他从一本《大代数》、一本《解析几何》及一本50页的从老师那里摘抄来的《微积分》读起，勤奋自学，踏上了通往数学大师的路。

华罗庚辍学期间，帮父亲打理小杂货铺。为了抽出时间学习，他经常早起。隔壁邻居早起磨豆腐的时候，华罗庚已经点着油灯在看书了。伏天的晚上，他很少到外面去乘凉，而是在蚊子嗡嗡叫的小店里学习。严冬，他常常把砚台放在脚炉上，一边磨墨，一边用毛笔蘸着墨汁做习题。每逢年节，华罗庚也不去亲戚家里串门，只是埋头在嘈杂的店里读书。

白天，华罗庚帮他的父亲在小杂货铺里干活。有顾客时，他帮着父亲做生意、打算盘、记账。顾客走了，就又埋头看书或演算习题。有时他入了迷，竟然忘记了接待顾客。

当然，并不是每个人都能像华罗庚那样，在嘈杂的环境中也能将心思沉浸在学习中，丝毫不受外部环境的干扰。很多人没有如此坚强的意志，也没有如此坚定的心志，所以大多数情况下，环境还是会对我们产生一定的影响。

这也是高考期间考点周围禁止鸣笛的原因，就是为了避免外界的杂音影响考生的思维。而且在学习的时候，安静的环境最适宜，所以很多家长都不会在孩子学习的时候大声喧哗，甚至连电视机的声音都开得很小，偶尔给孩子送吃的，也是轻手轻脚、小心翼翼，生怕打扰了孩子学习。在韩剧《请回答 1988》中也有这样的情节，天才棋手崔泽在自己的房间里研究棋局，崔泽爸爸在客厅看电视，邻居善英来拜访时，发现电视机竟然是没有一点声音的。因为崔泽爸爸担心自己看电视的声音吵到儿子下棋，所以干脆将电视静音。

在安静的环境中，我们的心态更容易平静下来，不容易分神，也不容易分散注意力，这样学习起来就更有效率；反之，我们就无法静心，注意力不容易集中，思考问题的能力大打折扣，记忆力也会随之下降，学习效果自然不理想。所以，我们在学习和记忆的时候应该注意环境的影响。

在学习的时候，让自己处于一个安静、整洁的环境之中，避免强光、噪声及无关事物对我们的干扰，这样我们学习和记忆的效率都会有所提高。

早上还是晚上——选择正确的记忆状态

王瑞今年升入高三，学习压力陡然加大。学校的老师为了督促学生们学习，专门建立了一个家长微信群，要求家长在假期的时候也不能懈怠，要早早把孩子叫起来读书。王瑞的妈妈被老师拉进了群里。早上 4 点多，群里的成员就一个接一个地发起了孩子读书的视频，王瑞的妈妈点开看了几个，就有些坐不住了，视频里孩子们一个个背得非常起劲儿。

王瑞妈妈不由得心急，她连忙把儿子叫醒，让他起床读书，顺便录了一段视频发到了群里。随后她又守在一旁看了一会儿，只见王瑞睁着惺忪的睡眼读着手里的书。她有些疑惑，像儿子这样在意识还不怎么清醒的状态下就开始背书，能记得住吗？

很多人都有过王瑞妈妈这样的疑惑：大早上背书，意识都不清醒，注意力也不集中，这样背书有效率吗？这时候真的是记忆力最好、最适合背书的时间段吗？大多数情况下，老师和家长会把“一日之计在于晨”这句话挂在嘴边教育孩子，要孩子们抓住早上的时光背书。但人记忆力的好坏，关键还是在于每个人自身的状态和周围的环境。

对有着良好的作息规律、充足睡眠的人来说，早上固然是大脑活跃、注意力集中、记忆力最佳的好时段，可总有一部分人是例外。现在网络上流行的“修仙党”就是最好的例子。在现代社会，晚上到处灯火通明，娱乐项目数不胜数，白天忙于学习工作、没有玩够的人们，作息悄无声息地发生着改变。我们不难发现，身边总有很多“夜猫子”存在，他们在白天尤其是早起的那段时间精神萎靡，状态不佳，很难集中注意力；到了下午才开始有神经紧绷、全神贯注的趋向；而到了晚上，则是精神全然放松，刷微博、逛淘宝、打游戏、约饭、唱歌，等等，各种娱乐项目能让他们活跃到凌晨。对他们来说，早上就不再是最适合学习和记忆的时间了，反倒是下午和晚上的时候，情绪兴奋，精神状态良好，这时记忆和学习的效率达到最佳的状态。

由此我们可以得出结论，记忆力最佳的时段其实是因人而异的，有的人在早上醒来就做好了吸收新知识的准备，有的人却在吃过中饭后大脑才真正苏醒，还有的人直到晚上才会达到最佳的学习状态。当然还有一些人不管在早、中、晚哪个时段，想要学习的时候，都能够调整自己的状态，可以做到集中精力，全身心地投入。

所以当我们真正想学习的时候，不必苛求时间的早晚，得到了充足的休息，大脑的活跃度得到充分的调动，注意力能够集中的时候，就是最适合我们学习和记忆的时候。

记忆也需要目标、计划和激励

刘薇早自习的时候在背诵一篇古文，同桌见状惊奇地问道："你怎么还在背这一篇，我们不是早就学过了吗？"刘薇说："上次老师布置背诵古文的作业时我请了一天假，等我回来的时候，你们都已经会背了，可我还不会，所以现在还在背。"同桌说道："那也不应该背诵这么长时间吧，这都一个多星期了，你什么时候背书效率这么低了？"

刘薇自己也感到非常奇怪："按照之前的惯例，一般老师规定几天之内背完，我就一定能在老师规定的时间内背完，可是这次不知道是不是老师没有规定的原因，我有点缺乏自我约束，过度放松，所以才拖了这么久。"

同桌说："你是缺乏目标啊，那简单，咱们打个赌，今天早自习下课你要是背不完这篇文章，就得请我吃饭，这样可以吗？"刘薇想了想，点头答应了。果然有了压力和同桌的督促，她背书的时候专心多了，一心想着要用一个早自习的时间把这篇古文拿下，结果早自习刚过去一半，她就流畅地背诵出整篇文章了。

在学习知识的时候，老师会这样教育学生："你们一定要给自己定下一个目标，列出一个计划，有目的、有计划地去学习，这样才能掌握更多的知识。"其实记忆知识的时候也是如此，有目标、有计划地记忆，我们会记得更有效率。

这和我们之前所说的有意记忆法有相似之处。当我们漫无目的地去记忆的时候，会发现记过的东西跟没记过一样，一点效果都没有。但是如果我们带着明确的目的去记忆，记忆的效果就会变好，这就是目标带来的动力。为了更加系统和全面地掌握我们学过的知识，记忆时我们也必须定下明确的目标。

所以，我们在记忆的时候，不妨给自己定出一个目标、一个计划，如今天我要记住哪一科的哪个知识点，明天我要记住课本第几页到第几页的内容……

当然这个目标必须立足于自身的实际情况，不能好高骛远，更不要定“一天背完一本文学常识”“一周记住一本牛津词典”这样遥不可及的目标。因为这种目标脱离了实际情况、过分理想化，目标无法完成时，还会给我们带来心理上的打击，导致我们丧失学习和记忆的热情。

制定一些容易完成的目标，这样我们能够很快地记住，而且记忆成功时的喜悦会催生出更多的学习热情和动力，记忆力也会随之提高。

当我们因为记不住而灰心丧气的时候，不妨找些名人事迹或者身边成功者的事例来激励自己，重拾信心和勇气。当我们完成了自己的记忆计划时，还可以适当地奖励自己，这样我们记忆知识时会更有动力。

思维活跃——勤动脑，记得牢

刚上小学的小姜平时最讨厌的事情就是思考，有什么问题他都直接问大人。老师有时候会布置一些简单的作业，但他从来不愿意自己去做，一旦发现有什么难题，总是跑去问妈妈：“妈妈，五加三等于几啊？”大多数情况下，妈妈会直接告诉他答案，可是这次妈妈出门了，他就跑去问爸爸。

刚开始爸爸还把答案告诉他，可是到了后来，小姜一次次的提问把爸爸给问烦了。爸爸说：“把你练习册拿过来！”小姜乖乖地跑去房间拿出练习册来。爸爸一看，练习册上没有一道题是他自己做的。爸爸批评他说：“每道题你都问，到底是你做作业还是我做作业？你上学这么久了，连加减法这样简单的问题都不会吗？按照你们老师教你的方法，自己算。我就在这儿看着你，你可以做错，但是不能老是让别人告诉你答案。”

小姜只好自己做起了题，爸爸在旁边看着，看他做错了也不出声。等到他做完了，才开始给他讲哪道题做错了，应该怎么算，等等。

小姜做完作业，爸爸语重心长地对他说："儿子你看，如果你自己好好思考，这些题也都能做出来，为什么一定要让别人直接告诉你答案呢？难道你考试的时候也要把爸爸妈妈带在身边吗？不会的可以问，但是平时你自己也要多动脑子，脑子是越用越灵活的，你老是不用，慢慢地脑袋就要生锈了！"

小姜虽然听不懂什么是生锈，但还是似懂非懂地点点头，从那以后他做题时都是自己先思考，实在做不出来才问爸爸妈妈。这样过了一段时间，他发现自己好像变聪明了一点，学东西也比之前快了。

"大脑就像一块铁，长时间不用就会生锈。"这个"生锈"指的并不是化学反应中的生锈，而是思维迟滞。即人如果经常不动脑子，他的思维能力、理解能力和反应能力等就会逐渐下降，记忆力也会随之变差。而勤于动脑的人，每天都在接受新的事物，思考新的问题，这样一来，他的大脑就得到了相应的锻炼，理解能力会随着思考问题的增多和思维的活跃而不断增强，记忆力也随之得到提升。

所以平时我们可以做一些益智的小游戏，锻炼大脑的同时，能够帮助我们认识和接受新事物、新思想，还能启发我们从多角度考虑问题，增长见识和积累解决问题的经验。

有氧运动促进记忆力的增强

说起运动的好处，有人认为运动能够强身健体；有人认为运动能够帮助人们养成良好的生活习惯；还有人认为运动能够减肥。但运动还有一个好处是人们享受着却不曾发觉的，那就是促进记忆力的增强。

可能有人会质疑，运动或许可以强身健体，但怎么能促进记忆力的增强呢？其实这是有科学依据的。于韦斯屈莱大学的研究者们用老鼠做过一个实验。他们将老鼠分为三个小组，让第一组的老鼠使用跑步机做中等强度的跑步训练；让第二组的老鼠做举重的训练，尾巴上系上重物爬梯子；让第三组的老鼠做高强度的间歇训练。

结果研究员们发现，第一组的老鼠海马体神经生长的水平是另外两组老鼠的 2 ~ 3 倍。也就是说，中等强度的有氧运动能够促进大脑制造新的脑细胞；第二组老鼠所做的力量训练虽然能够有效地锻炼体格，但无法促进海马体神经的生长；第三组老鼠所做的高强度间歇训练也没有促进海马体神经的生长，研究者们推测是因为这种锻炼方式带来的压力限制了脑细胞的形成。

也就是说，在各种运动方式中，只有有氧运动能够促进大脑制造新的脑细胞，而大量的实践证明，有氧运动能够使大脑得到很好的休息。这不仅有利于大脑的生长发育，同样有利于我们记忆力的提升。

那么，我们在日常生活中做一些有氧运动就很有必要了，慢跑、快走、太极拳、健身操等有氧运动，对我们的身体健康和大脑的发育都是极其有利的。

通常情况下，热爱运动的人不但精力充沛，而且学习和记忆的能力也会很强。在进行有氧运动的时候，能够加快新陈代谢、改善脑部的血液循环，这不仅刺激了脑细胞生长、改善了我们的心肺功能，还能起到为心理减压的作用。有氧运动也能提高大脑的摄氧量，为大脑的生长发育提供更有利的条件。

很多人喜欢在心理压力大的时候做一些能够减压的运动，如打篮球、跑步、做瑜伽、游泳、骑行等。在运动的时候，我们的大脑无暇思考太多的问题，运动完毕会有压力随着汗液一同流出的畅快之感，消除大脑的疲劳感，减少压力对记忆力的损害。

摇头晃脑记得更快

宋敏最近有一个有趣的发现，同桌孙晔在早自习背书的时候总是喜欢摇头晃脑，尤其是背到古诗词的时候。宋敏被他摇头晃脑背书的样子逗得乐不可支，提出了自己的疑问："你背书的时候为什么要摇头晃脑呢？大家都是挺直了身体背书的。"孙晔见她这么说，也显得有些不好意思。不过他还是解释了一下："我习惯这样背书了，一方面感觉这样背书记得快，另一方面这样摇头晃脑的，能顺势活动一下颈椎，一举两得，也没什么不好。你可以试试。"

宋敏半信半疑地捧起书，摇头晃脑地读了一篇古诗词，没想到还挺有趣的，而且记忆的速度的确是比之前快了一点。

很多古代的电视剧中，在出现授课的场景时，难免会有摇头晃脑背书的学子或用抑扬顿挫的声调摇头晃脑教书的夫子。可能很多人会觉得疑惑，为什么背书的时候一定要摇头晃脑呢？这样会记得快一些吗？

答案是肯定的，背书的时候摇头晃脑还真能让古人记得更快。我们知道，古文的排列方式是从右向左、从上到下的，所以在看书的时候头会不自觉地来回晃。古文又是没有标点符号的，学子们读书时不知道怎么进行断句，就需要结合摇头晃脑的肢体动作来帮助断句，便于记忆。而且古文讲究韵律和节奏，大都写得抑扬顿挫、节奏鲜明、音韵铿锵，高声吟诵文章时，必然会受到作者文采的感染。读得入情入境，如痴如醉时，自然会随着其韵律击节踏足、摇头晃脑，颇有节奏感。

现在我们虽然接触更多的是白话文，但是读书时摇头晃脑依然有着很多好处。首先，它能帮助人们在短时间内将全部身心投入文章中；其次，摇头的动作能够缓解人们的疲劳感。在现代社会，越来越多的人患上颈椎病，其原因就是长时间低头。而摇头晃脑能够使颈动脉这样向大脑供血的部位得以活动，增加脑部的供血，对预防颈椎病、促进血液循环和提高记忆力有很大的帮助。

充足的睡眠是记忆力的保障

日常生活中，我们常常听人这样说："好好睡一觉，睡眠质量提高了，你的记忆力自然就增强了。"这话听上去非常奇怪，为什么说睡得好记忆力就会变强呢？睡眠和记忆力之间难道有什么必然的联系吗？很多人都曾被这个问题困扰，研究人员也针对这个问题展开了一系列的研究，试图找出睡眠与记忆之间的关系。

哈佛大学医学院的科学家们找来一些大学生志愿者做了实验：实验的内容是对这些大学生进行词汇记忆测试。其中一组人在记忆和测试之间没有休息的时间，也就是说，他们可以做些与测验无关的其他事情，唯独不能睡觉。而另一组人可以在记忆之后睡上一觉，睡醒了再参与测验。我们可能会下意识地认为第二组的记忆效果不佳，因为一般来说，人们睡过一觉之后，之前所记忆的内容就忘得差不多了。但是实验结果却恰恰相反，第二组的测试成绩比第一组没有休息的人要好得多，尤其是测试竞争性的题目时，有睡眠时间的那一组优势更加明显。

波士顿的科学家珍妮·达菲也做了相关的实验，她找来一些20多岁的年轻人当志愿者，研究人员让这些志愿者观看了20张成年人的面部彩照，并将彩照中人的姓名告诉了志愿者。12 个小时过去之后，请这些志愿者再次观看这些照片，但是研究员这次给出的姓名一半正确一半错误，接受测试的志愿者不但要回答这些名字正确与否，还需要对自己的回答进行打分，目的是看他们对自己的答案是否有信心。每个志愿者都被测试了两次。一次是有充足的睡眠，一次是没有休息。结果得到充足睡眠的那一次，被试将照片和与之相对应的姓名匹配成功的概率明显更高。

这两个实验有力地印证了同一个观点：良好的睡眠有助于改善人们的记忆力，增强人们对学习和记忆的信心。

睡眠是人类和其他高等脊椎动物的硬性需求，人的一生有 1/3 的时间都是被睡眠占用的。在睡眠期间，我们的意识处于休息状态，学习、记忆、思考等思维活动不再进行，精神放松，对外界刺激的反应能力降低。当人们进入深度睡眠的状态时，大脑神经元则在不断地生长发育，长出新的突触来增强神经元之间的联系，大脑皮层内蛋白质合成速度也有所增长，短期记忆由此得到巩固和加强，变为长期记忆。

所以我们才说充足的睡眠是高效学习和记忆的基础和前提。良好的睡眠不仅能使学习了一天的大脑得到充分的休息，还能巩固之前所学的内容，防止记忆力衰退。这也是午睡过后精力更加充沛、工作效率更高的原因。得到了充足的休息，大脑才能高效运转。

吃出来的好记性

在日本动漫《哆啦 A 梦》中，有一集讲的是大雄要考试了，但是他学习差得一塌糊涂，临时抱佛脚又不怎么管用，所以急得焦头烂额，只好向哆啦A梦求救，希望哆啦A梦能给他一种应付考试的工具。最后哆啦A梦从口袋里找出了一种名为“记忆面包”的工具来帮助大雄。

记忆面包的使用方法是把书上的内容印到面包上，然后吃下去，这样就能够记住面包上印的内容。大雄很高兴地吃掉很多个记忆面包，最终却因为吃坏了肚子，之前记住的东西通通被排泄物带走了而宣告计划失败。

很多人看完这一集动漫希望世界上真的能有记忆面包这样的工具，这样就不会因为记不住而烦恼了。这当然是一种很美好的想法，但是记忆面包这种工具以现阶段的科研水平来说，短时间内是无法实现的，我们不劳而获的想法也只能暂时放弃。

不过幸好我们还有其他能够增强记忆力的食物。科学研究发现，大脑中担任记忆信息传递员的神经递质是乙酰胆碱。缺乏乙酰胆碱，大脑中信息的传递就无法很好地进行，所以补充乙酰胆碱对增强记忆力非常关键。而乙酰胆碱恰好可以从其他食物中获取，我们日常生活中的很多食物能够补充乙酰胆碱，如花生、蛋、鱼、肉等。

花生有着长寿果之称，虽然看上去不起眼，但对延缓衰老、增强记忆力有很大的帮助。花生中不仅含有胆碱，还富含卵磷脂和脑磷脂，这都是神经系统所需要的重要物质，能够改善血液循环、延缓脑功能的衰退。

鸡蛋是一种富含优良蛋白质、氨基酸、卵磷脂、钙、磷、铁以及维生素A、D、B的食物。蛋白质是人体构成的原料，也是制造脑细胞和神经传递物质的重要元素之一，能帮助大脑发育。每天食用1～2个鸡蛋就能够供给机体足够的胆碱，这对提高记忆力、维持大脑的运转非常有效。

鱼肉中富含蛋白质、钙和不饱和脂肪酸，钙是脑代谢不可缺少的重要物质，可抑制脑细胞异常放电、稳定情绪、促进良好睡眠、减轻身体疲劳、增强抵抗力。而不饱和脂肪酸中的重要组成部分 DHA 是大脑神经细胞的重要成分，DHA 对大脑神经元的传导、突触的生长有着至关重要的作用。经常食用鱼肉能够保护我们的脑动脉血管，促进脑细胞的活动，增强智力、记忆力和专注力。

瘦肉中含有大量的蛋白质和维生素 B、E 以及矿物质铁与磷等元素。缺铁会导致人出现贫血、精神涣散、注意力难以集中和记忆力减退的状况。瘦肉中含有的这些物质是大脑中必不可少的元素，能够帮助我们更高效地学习和记忆。

除了以上这些食物，还有一些食物同样能够帮助我们提高记忆力。如牛奶、燕麦、番薯、南瓜、橘子、核桃、米等，经常食用对我们的记忆力提升很有帮助。

2000 年度诺贝尔奖获得者埃里克·坎德尔曾说："记忆是人类大脑生命的支柱，记忆制约着我们的整个存在。在日常的饮食中，如果能够注意合理营养，平衡膳食，既可以满足机体对营养素的需求，又可以改善记忆。"所以当我们记忆知识不得其法、总也记不住或记忆力下降的时候，不妨调整一下自己的饮食，走一些小捷径来改善和提升我们的记忆力。

视听结合强化记忆力

视听结合是诗词创作中常见的一种技巧，通常是指将视觉描写和听觉描写结合在一起，使这两种感官互通并相互转化，通过听觉来想象画面，通过视觉来想象声音。两种感觉相互衬托、相辅相成，来使诗句更加生动，所描写的景物更具有立体感，让读者读的时候能够产生身临其境的感觉，更真切地体会到作者所要表达的感情和思想。

如唐代诗人王维的《山居秋暝》中的"明月松间照，清泉石上流"和"竹喧归浣女，莲动下渔舟”等，都是让人在视觉和听觉的冲击下获得完整、美妙的体验。此外还有曾巩的《西楼》中的“海浪如云去却回，北风吹起数声雷”以及陆游的《幽居初夏》中的“水满有时观下鹭，草深无处不鸣蛙”等，都运用了视听结合的手法，给读者以生动的画面感，并留下深刻的印象。

这就给了我们一个很大的启发，记忆能不能也用视听结合的方式呢？答案是肯定的，我们在前文曾经介绍过多通道记忆法，即把多种感官结合在一起共同记忆。其实视听结合也是多通道记忆法中的一种。

视觉传递给大脑的信息大约占所有信息的65%，视觉器官能够帮助我们多方面地进行记忆，而听觉记忆在特殊情况下（如失明）能够弥补视觉的缺陷。举例来说，我们一觉睡到天亮，睁开蒙眬的双眼，窗外的阳光未必带给我们强烈的刺激，但是闹钟的响声却能准确地唤起我们对早起的记忆。此外，还有手机铃声、门铃声、警报器响声等，都能够刺激我们的大脑产生强烈的反应。只要一听到这些声音，我们的记忆和经验就会让我们迅速做出反应，所以我们不但可以利用听觉进行记忆，更可以利用视听结合的方式来进行记忆。

而且同时调动视觉器官和听觉器官的功能进行记忆，效果要比单一的视觉或者听觉记忆法好得多。因为使用视听结合的方法时，并不只是用到视觉和听觉，还要用心，这样就具备了“三到法”中的“心到、眼到”，再加上“耳到”这个有利的辅助，等于从多个角度共同进行记忆。如此一来，提高记忆的效率自然不在话下。

在聊天中增强记忆力

看到标题可能很多人会感到疑惑：聊天也能增强人的记忆力吗？专家们经过

研究，给出了肯定的答案。就算是闲聊，也能够增强人的记忆力。

密歇根大学的研究人员曾经就此做过专门的数据分析，分析了 3000 多名年龄跨度在 24 ~ 96 岁之间的被试。分析数据显示，社交互动水平越高的人，认知能力越强，记忆力也越好。这个社交互动包括聚会、和亲朋好友通电话、与同事或其他人闲聊等。

为了确定聊天在其中起到的作用，研究人员还做了另外一项实验。实验的对象是 76 名大学生。研究人员分别对这些大学生的社交互动进行了分析，并让他们做了智力练习，结果发现，经常抽出 10 分钟时间闲聊的人智力表现和记忆力普遍好于那些把闲聊的时间拿来做智力活动的人。

也就是说，每天和他人进行 10 分钟的友好交谈，对提高人的大脑功能、智力表现和记忆力是非常有益的。研究人员推测，和他人闲聊的过程其实是让我们的大脑得到休息的过程。而且和他人闲聊能够拓宽我们的眼界和知识面、提高我们的应变和交际能力，这是一个增长知识、锻炼口才的过程，也是一个放松身心的过程。

只要抽出 10 分钟的时间进行简单的社交活动，既能够增进彼此间的感情，又能够增强记忆力。这样一举两得的好事，我们何乐而不为呢?

随身携带的小纸条

孙晨的成绩不好，爸爸妈妈为了提高他的学习成绩，给他办了转学，转到一所以管理严格而出名的高中。刚转过来的时候，除了老师和同学不是熟悉的面孔之外，孙晨还不觉得有什么不同。可是上了几天课之后，孙晨就感觉出不一样了，并不是教学质量上存在差距，而是学生们对学习的用心和对时间的高度利用。他发现每个人都随身带着几个手掌大小的笔记本，或是多张小纸条。刚开始他还以为同学们准备这些是为了作弊，但很快他就发现自己的想法错了。

在课间操集合前的那段时间里，几乎每个班级的同学都捧着手里的小笔记本或小纸条念个不停。他好奇地凑上前看了看，发现这些小纸条上摘抄的都是各科的知识点，孙晨问道："就这么点时间，能记住吗？"同学回答道："怎么会是这点时间呢？我们下课时、睡觉前都有很多的零碎时间可以用来记住这些知识啊。一天记不住记两天，两天记不住就记三天，总有一天能记住。反正也闲着没事干，这时间浪费了多可惜。"

孙晨想了想，觉得同学说得很有道理，就跑去买了一个小的笔记本，用来摘抄各科的知识点。半个学期过去了，他已经记住了好几个小笔记本上的知识点，成绩也有了明显的提高。

很多学校会要求准备小纸条和笔记本来摘抄知识点，为的就是让学生抓住空闲的时间进行记忆，而这种学习方式也往往有效。

用小纸条去增强记忆的方法其实是巧妙运用了记忆法中的多看记忆法。日常生活中，我们记忆某些内容时，很难做到一次性永久记忆，一般都要重复进行记忆，才能达到长期记忆的效果，否则很快就会遗忘。为了避免出现遗忘的状况，我们需要进行多次的重复记忆，也就是说，想要长久地记住某个知识点，我们必须多看，做到随忘随记。这时候小纸条就是非常实用的工具了。我们可以把需要记忆的定义、术语、诗词、规律等摘抄到小纸条上随身携带着，闲暇的时候就看一看，想不起来知识点时也拿出来看一看。或是贴到自己一抬头就能看到的地方，如桌角、衣柜、床头、门板、墙壁，这样一次次重复记忆，久而久之就是想忘也忘不了。

小纸条还能够帮助我们把零碎的时间利用起来，抓住一分一秒去学习和记忆。这样我们的知识每时每刻都在积累和巩固，记忆力自然会有所提高。

积极的心理暗示

玲玲和小梅都是高中生，在同一所学校接受教育，两个人都学到了《出师表》这篇古文，语文老师要求必须背诵全文。于是接下来的早自习，两人都把时间分给了《出师表》，一连背了几个早上，两个人都没能顺畅地背诵下来，玲玲感到气馁和沮丧。她觉得自己已经这么努力地去背了，还是没能把这篇文章记住，是不是因为自己的记忆力有问题？她想，也许自己怎么也记不住这篇古文了，也许自己根本就不擅长背书。这么一想，顿时泄了劲儿，再也找不到背书的动力了。她把语文课本丢到一边，去背诵其他科目的内容了。

小梅和玲玲一样，几天的时间都背诵不下来一篇文章，这让她很受打击，但是她没有质疑自己的能力，而是静下心来安慰自己："之前不也记住过很难背诵的文章吗？而且我还是全班记得最快、最好的，这次我也一定能记住，只要再多尝试几遍就好了。"这样想着，小梅又拿起了书，精神十足地背诵起来。当然事实并没有像她安慰自己的那样，多背几遍就好。但是每次要泄劲儿的时候，她都会鼓励自己、安慰自己，直到重新找到背诵的勇气。又经过了几天的努力，她终于把《出师表》完全记住了。

玲玲和小梅两个人之所以结果不一样，就是因为她们给自己的心理暗示完全相反。玲玲的心理暗示是消极的，她经受了几次打击，情绪低落，意志就开始变得消沉，她认为自己怎么也背不会，并且反复给自己这样的心理暗示，所以她才会背到一半就放弃。小梅虽然也出现了情绪低落的状况，但是她很快对自己的情绪进行了调整，每次失败的时候，她都会鼓励自己，然后重整旗鼓，继续去努力，所以最后她才能取得成功。

记忆其实也是需要鼓励和心理暗示的，当我们记忆一个知识点怎么也记不住的时候，我们的心态会发生变化，出现不自信的心理，也会下意识地寻找各种客观的原因，掩饰自己不够努力的真相。于是类似“是不是我记忆力天生就比别人差”“我永远也记不住了”的话，就频频在大脑中闪现。这些消极的话无疑是在给自己强烈的心理暗示，让自己赶快逃避这个背诵任务。

很多人在无形之中给过自己这种心理暗示，例如，当英语老师画出需要背诵的单词时，有些人会下意识地抱怨：“老师竟然让背这么长的一串英语单词，谁能记住啊？”看到语文课文后面标注的背诵全文，还没开始背就先抱怨上了：“这不是难为人吗？”其实这些话的背后都包含自我否定的成分，我们先给自己设置了“一定记不住”的障碍，在这种消极的心理暗示之下，怎么可能记得住呢？

人是非常容易受到心理暗示影响的，所以我们要转变心态，把消极的心理暗示转变为积极的心理暗示。这样心理暗示才能在我们的学习和生活中发挥正面的作用。

拿到一个记忆任务之后，我们首先要做的就是给自己树立记忆的自信心，把“我根本就记不住这么多”换成“我很棒，我一定能记住！”“我要尝试一下，说不定很快就能记住了！”这种积极的心理暗示会让我们的情绪兴奋起来，也使我们的注意力更容易集中。这样当我们全神贯注地记忆时，就能够轻松地使记忆素材在脑海中留下深刻的印象，达到快速记忆的目的。

记住了之后，我们还要积累这种成功的经验。把自己记忆成功的例子写下来，当我们失去记忆的信心时，拿出来翻一翻、看一看，找回自信和重新记忆的勇气，坚定记忆的决心。这样我们在攀爬记忆高峰的时候就能做到越挫越勇，锲而不舍，哪怕记忆再复杂的内容，也能够做到心态平和、信心十足。

增强记忆力的小动作

很多人到了一定的年纪，就明显感到自己的记忆力不如年轻时好了，经常丢三落四,一点小事都记不住。有些人担心这是心脑血管疾病的前兆，甚至为此专门去咨询医生。其实有时候我们健忘、记忆力减退不是因为患病，而是因为脑细胞在减少。这种情况下，医生能提供的帮助是非常少的，我们要想提高记忆力，还需要通过自己的努力，平时多做一些小动作。前文说过，摇头晃脑能够增强人的记忆力，其实还有其他小动作，对增强记忆力也有一定的帮助。

1. 架高双腿

专家通过研究发现，一个成年人大脑的耗氧量占全身总耗氧量的四分之一，一旦缺氧缺血，就会出现双眼发黑、晕厥的状况。有些人平时总爱头晕、犯困，其实就是血氧低最常见的症状。我们经常待在含氧量低的室内，活动量不够、脑部供血不足、血液流通不畅，大脑很难维持正常的运作，记忆力自然会降低。要想改善这样的状况，有条件的当然可以出去走走、活动活动，但有些人必须待在办公室，那该怎么办呢?

当然也有办法，我们只需要把两条腿跷在椅子上或者是桌子上几分钟，就能解决。需要注意的是，腿跷起的高度必须高过心脏的位置。这样跷高腿部，血液能快速回流到肺部和心脏，减少腿部静脉压力的同时，增加大脑的供血量，轻松解决供血量不足的问题，记忆力自然会有所提高。

2. 经常梳头

梳头能够按摩头皮，促进头部的血液循环。我们可以随身携带一把牛角梳，闲暇时拿出来梳一梳。具体的操作方法是从上到下，从前到后。没有牛角梳的情况下手指梳头也能起到同样的作用。每天梳上三四次，按摩头皮、放松精神的同时，还能够起到养生健脑、提高记忆力、延缓衰老的作用。

3. 多动手指

日常生活中，我们有时能看到一些注重养生的老年人在手里拿着两个健身球或是两个核桃转着玩，这其实就起到了刺激大脑、锻炼大脑、延缓脑细胞衰亡时间的作用。因为手指与大脑相连的神经最多，甚至被称作是人的第二大脑。所以我们平时可以着重做些手指的运动，如伸出手指、蜷缩手指、双手交叉按摩指尖、分拣大豆和米、双手轮流做“一枪打四鸟”的手指操、玩健身球等，都能够达到锻炼手指、强化记忆力的目的。

4. 冥想

冥想有助于人们放松紧绷的神经、减轻心理负担、清理大脑中纷乱繁杂的思绪等。冥想的时候配合深呼吸的动作，能够使我们心态平和、精神压力减轻，大脑得到很好的休息。冥想结束之后，我们的精神状态会变得更好，注意力也能够很快集中。每天抽出 10 分钟的时间进行冥想，对记忆力的提高也有一定的帮助。

5. 迈开腿，勤喝水

有氧运动对我们大脑的益处在前文已经说过，下肢在运动的时候能够刺激大脑皮层的活动，健身的同时也在健脑。所以我们每天不妨抽出一些空闲时间来做些有氧运动，慢跑或是快走都是不错的选择。每次进行半个小时的运动，对提高记忆力很有帮助。

水是我们身体必需的元素，喝水不能等感觉到渴了才喝，因为感觉到渴的时候，我们的身体已经相当缺水了，少量多次地饮水，对我们的身体健康有益。

6. 尝试一些新东西

脑子不动会生锈，所以我们要经常接触一些新知识，这些知识可以是简单的、容易掌握的，如学一门外语、学烹饪或是学跳舞等，都是不错的选择。这些项目既不费事，又能很好地锻炼我们的大脑，掌握新技能之余，还能启发我们从多个角度思考问题，可谓一举两得。

多做思维游戏能够提高记忆力

每年临近“双十一”时，淘宝都会推出很多优惠活动，什么火炬红包、群战队红包、定金膨胀、尾款满减券、跨店满减优惠券等，看得人眼花缭乱。很多人优惠领了一大堆，硬是不知道通过怎样的购物流程买东西才最便宜，只好去问客服，最后客服也被绕晕了。很多学霸拿出了演算纸，经过一番复杂的操作之后，才知道商品真正的价格。大量买家抱怨：“这年头不会点数学题还真买不成东西。”

其实这就是店家要和顾客玩思维游戏。但是很多顾客只想简单直接地知道自己花多少钱才能买到心仪的东西，没有时间、精力和心思去做这种复杂又考验脑力的思维游戏。

其实，偶尔做一些思维游戏对我们提升记忆力还是很有帮助的。在做思维游戏的同时，我们能够潜移默化地掌握各种记忆方法，使知识面得到拓宽，个人知识水平得到提升。

思维游戏的种类有很多，如发散性思维游戏、训练联想思维游戏、数字思维游戏、立体思维游戏等。我们可以在其中挑一些经典的游戏进行训练。

1. 发散性思维游戏

发散性思维游戏属于比较常见的一种思维训练，古人在行酒令的时候会玩一种叫作“飞花令”的文字游戏，即规定一个字，然后所有人要轮流说出关于这个字的诗词曲。这种游戏得名于韩翃的《寒食》中的名句“春城无处不飞花”。由于玩这个游戏需要很强的诗词功底，所以很多文人墨客都非常喜欢这种高雅的游戏。这其实是训练发散性思维的一个好方法。

中央电视台的《中国诗词大会》就引进和改良了这种方法，用来作为两个参赛选手之间的对抗游戏。在其中的一期，不到四分钟的时间里，两名才女就说出了49句带“月”的诗词，不仅反映了两人的文化积淀和应变能力，更训练了两人的发散性思维。

除了飞花令，还有简化版的发散性思维游戏，例如，一个老师带着学生玩的思维游戏，题目是“说出以人结尾的词语”。结果学生们踊跃地回答“男人、女人、小人、大人、好人、坏人、熟人、正常人、机器人”等。这种游戏的优点是能够启发学生打破思维定式，打开思维的关节，充分训练发散性思维。简单的小问题也能够激发学生们学习的兴趣。

2. 训练联想思维游戏

爱因斯坦说过：“想象力比知识更重要。”训练联想思维游戏的关键就在于训练学生们联想和想象的能力。比如，随便找出一些词语：水杯、卫生纸、手机、皮卡丘、柿子、绿萝……我们不必去记这些词语，而可以去记这些物品的形状，并进行联想思维加工。水杯倒下来砸到了卫生纸，卫生纸缠着手机，手机正在给皮卡丘充电，皮卡丘从绿萝上摘下一颗红彤彤的柿子。把烦琐的文字联想成一系列串联起来的画面，再记忆时就会容易很多。

3. 立体思维游戏

立体思维游戏又叫作空间思维游戏、整体思维游戏，游戏的训练目标是让人们跳出平面思维的局限，从多个角度、多个方位、多个层次考虑问题，简言之，就是要“立起来思考”。我们可以尝试着回答下面的这个问题：多多过生日请了7个小朋友，妈妈要把蛋糕平均分成8份，但只能切3次，该怎么切呢？

考虑这个问题的时候我们需要跳出点、线、面的限制，从整体上来分析，答案是先在中间横切一刀，把它分为上下两块相等的蛋糕，剩下的两刀无论是对角切还是从正中间切，都可以平均地将蛋糕分成8份，这就成功地解决了问题。

日常生活中，我们可以多做这种思维游戏来训练我们的大脑，做思维游戏不仅能增加学习的趣味性，提高我们对学习的热情，还能让我们获得新的启发，尝试着从多个角度思考问题，使思维更灵活的同时，也能提高记忆力。

给记忆加点料——制造不寻常的事情

张芸是个粗心的人，平时总是丢三落四，和朋友一块出门逛个街的工夫，竟然把手提包弄丢了。包里放着她的手机、钱包和钥匙，找不到的话会很麻烦的。陪她逛街的朋友都很着急，聚在一起帮她想之前都去过哪里、包有可能忘在什么地方等问题。刘茗正要给她的手机打电话，小慧突然拦住了她，说道："会不会是我们去哪家店看衣服的时候，把包忘在了试衣间里？现在顾客不多，真忘在了试衣间里，可能还没有被人拿走，电话一响，反而容易提醒别有用心的人。"

其他人觉得有道理，她们一边讨论一边往回走，之前逛过的店太多了，需要好好回忆回忆。这时小慧说："我有印象了，之前有家店有演出，我们看了一会儿演出，然后进了那家店试衣服，我们去那家店找找吧！"被小慧这么一提醒，刘茗也想到了一些细节，除门口有演出的那家店，她们还进过门口放了青蛙雕塑的店。其他人也都想了起来，七嘴八舌地说道：“还有一家店，我们进去的时候有情侣在吵架。”“靠近电梯的那家店我们也进去过。”……

她们根据想到的店铺一家一家找了回去，很快就在贴了店庆海报的店里找到了张芸的手提包。

细心观察，我们会发现，这几个人所记得的都是那些有着特别之处的店，如门口有演出、门口放了青蛙雕塑、店内有店庆活动、靠近电梯、有情侣吵架等，而普通的店她们却没有想起来。这是因为这几个店各自有着特殊的地方，给她们留下了鲜明、深刻的印象。

其实，日常生活中，这种状况非常常见。我们出门逛街时，看到的事物、接收到的信息数不胜数，但是能记住的少之又少。细想一下，我们记住的可能是请了鼓乐队表演庆祝开业的店铺，可能是一座古怪的雕塑，也有可能是一排做操的某饭店员工。但是对街上大大小小的店铺、看上去差不多的公交车、不起眼的路灯等，我们却很少能记得。

这是因为，具有特殊性的事物给我们的感官和大脑带来了不一样的刺激体验，所以才会在脑海中留下深刻的印象。这就启发我们一种记忆的技巧，就是给我们的记忆“加点料”。

在记忆的时候，我们可以制造一些不寻常的事情如做一些奇怪的动作，发出奇怪的声音，或是进行光怪陆离的联想，为记忆的内容增添奇幻的色彩，让平平淡淡的记忆内容变得生动、鲜明，给大脑以强烈的刺激。这样我们不必刻意去记忆，奇怪的事物就已经在我们的脑海中留下了独特的、令人难忘的印象。回忆的时候，我们只需要回忆与之相应的奇怪线索，需要的信息就会被一并带出来，这样我们记忆起来也就轻松多了。

每天做十分钟的左撇子

暑假期间，小茹的学霸表姐婷婷来到小茹家里借住，两个人年龄差不多大，在一起玩得很开心，做作业的时候，两个人相对而坐、埋着头认真写作业的样子让小茹妈妈非常欣慰。

唯一让小茹感到不习惯的一点是吃饭。吃饭的时候，婷婷和她坐在同一排，两个人夹菜的时候，总是容易碰到对方的胳膊，小茹一连被碰了好几次，菜都掉在桌子上了。刚开始她以为婷婷是故意逗她玩，没有在意，但是婷婷一直碰她，她忍不住抱怨道："你不好好吃饭，老是碰我干什么？"

婷婷也十分委屈："明明是你碰我，怎么成了我碰你呢？你都把我的菜碰掉好几次了！"

两个人眼看就要吵起来，妈妈连忙上前劝说："别吵，你们俩谁都不是故意的，是妈妈把座位安排错了。小茹，你跟姐姐换下位置，这样就不会碰到了。"两个人听话地换了位置，果然，胳膊再也没有碰到一起过。小茹感到非常好奇，她看了看自己拿筷子的手，又看了看姐姐拿筷子的手，突然灵光一闪，说道："我知道我们两个的手为什么会碰到了，因为我是右手拿筷子，你是左手拿筷子。大家都是右手拿筷子，为什么你用左手拿呢？"

妈妈解释道："因为你姐姐是个左撇子啊！"婷婷一听自己和其他人不一样，不由得有些难过，妈妈连忙安慰她说："婷婷，不要觉得自己是左撇子就自卑，这样其实没什么不好的，这个世界上的左撇子很多，而且大多数左撇子比右撇子聪明呢！"

婷婷听到姑姑这么说，开心地露出了笑容。小茹想了想，姐姐似乎确实比自己聪明一些，很多自己不会的题她都能做出来，难道是姐姐是左撇子的缘故吗？这样想着，她把筷子换到了左手上，虽然夹菜很困难，但她还是尝试着这样做了，因为她也想像婷婷一样聪明！

我们都知道，人的大脑分为左脑和右脑两个部分，左右脑分工不同，左脑支配右侧身体，进行逻辑思维，负责处理语言、文字、逻辑、分析、推理等；右脑支配左侧身体，负责图像、音律、情感、全局观等，所以善用左脑的人（右撇子）语言能力出众，善用右脑的人（左撇子）空间想象能力更好。当然，在智力水平上，左撇子和右撇子没有明显的区别。所以，左撇子是否真的比右撇子聪明这个问题，我们暂时无法给出定论，但有一点可以肯定，经常使用右脑的人，左右脑的发育更为平衡和协调，开发利用率也更高，所以左撇子的确更有可能是一个聪明的人。

我们大脑中负责左右脑之间的神经信息传导的物质是胼胝体，左撇子的胼胝体发达，信息交流更为通畅，在体育运动方面也更有天赋和优势。因为左撇子经常使用左手，所以能够充分地刺激右脑，进而导致右脑更发达，能力也更出众。

我们不必刻意地去做左撇子或是右撇子，而是要经常进行一些运动，训练非偏好的一侧的肢体，如右撇子尝试着用左手打羽毛球、乒乓球；左撇子多使用右手写字；等等，来促进大脑的发育，起到平衡左右脑、充分开发左右脑的作用。当我们的大脑的利用率更高时，我们的智力水平和记忆力也会有所提升。

和便利的电子产品保持距离

潇潇最近拿到了“男神”的联系方式，虽然两个人平时见面的机会很少，但是在网络上聊天的次数却很多，几乎每天都能聊上一会儿。他们聊的就是生活中的一些小事，如“刚发现的一家店很好吃”“又有一名同学结婚要随礼”“房价又上涨了”之类的话题。每天晚上聊上几句，看上去两个人的作息都很规律，一到 10 点半，就互道晚安。但是潇潇却从没有在 12 点之前睡过，每次和“男神”说晚安之后，她都会打开微博刷一会儿明星八卦，再点开视频软件，追上一两集国产偶像剧。巧的是，“男神”也没有在说晚安之后就去睡觉，而是打开了手机上的游戏，愉快地开始和众多“修仙党”一争高下。

现代社会，有很多年轻人甚至中年人加入了熬夜的行列，因为手中的电子产品无时无刻不在诱惑着各个年龄段的人。在学习和娱乐两个项目的挤压之下，人们的睡眠时间急剧缩短，很多对电子产品依赖程度不高的人都很难保证每天睡眠时间达到八个小时，更不用说很多沉迷游戏，彻夜不眠地追剧、看小说的人了。前文已经说过睡眠对我们记忆力的重要性，没有良好的睡眠，自然很难有良好的记忆力。

不过，缺少睡眠还只是电子产品造成的一个间接影响，电子产品对我们造成的直接影响也是不容忽视的。

随着科技的发展、网络的发达，越来越多的电子产品进入我们的生活中。早上起床的时候，唤醒我们的是电子闹钟；要和亲朋好友联系的时候，我们会拿出手机，点开各种通信用 APP；平时有想不出答案的问题时，我们会点开搜索软件，从网络中快速获取答案；娱乐时，手机、iPad、电脑等电子产品上五花八门的视频、段子应有尽有，这无疑为我们的生活带来了极大的便利。但是我们也能发现，电子产品占用我们的时间越来越多，我们对电子产品的依赖性越来越强。

爱尔兰的专家们做了一项调查，发现 3000 人中，有 1/4 的人都记不住自己的固定电话号码，2/3 的人甚至不能说出 3 个以上朋友或者家人的生日。但年龄在 50 岁以上的中老年人在这方面的记忆更有优势，因为在日常生活中，年轻人大多精通高科技电子产品，记很多简单的内容时，他们更依赖于自己的电子产品而非大脑。

美国专家们找来 300 名志愿者做了一系列测试，测试的结果表明：阅读纸质信息的人理解和解决问题的能力高于阅读电子产品信息的人，而且长期使用电子产品等智能设备，容易导致注意力不集中和记忆力下降等问题。

所以，电子产品虽然给我们的生活带来了很大的便利，但也有着一定的负面影响，如何使电子产品的正面作用得到最大限度的发挥，尽量减少负面作用呢？很简单，和电子产品保持一定的距离，不沉迷其中，先保证充足的睡眠，再尝试摆脱对电子产品的依赖，更多地依靠大脑和记忆力去记东西，让记忆成为本能。这样我们就能在享受电子产品便利的同时，把电子产品带来的副作用降到最低。

不断回忆是增强记忆力的必备步骤

前文我们说过，记忆是过去的经历、经验在大脑中的反映，记忆包括识记、保持、回忆（再认）三个基本步骤。这一节我们就来着重谈一下回忆的作用。

回忆是记忆的一个必备的步骤，是恢复过去经验的过程。日常生活中，回忆出现的次数非常多，在有人问我们一句诗的时候，我们可能会说："你先别提示，让我好好想想。"这个"想想"其实就是在回忆，经常性的回忆对我们知识的巩固有着重要的作用。

科学研究发现，人的记忆力从20岁就开始出现不同程度的减退，所以我们会听到很多20多岁的年轻人说"年龄大了，记忆力不如之前好了"这样的话。这并非是错觉，而是事实。成年之后，我们脑细胞的增长速度变慢，记忆力开始减退，这时候我们就要注意保护自己的大脑了，平时不仅要吃一些补脑的食物、做记忆训练、学一些新技能，还要注意休息。

我们也可以通过经常回忆的方式，保证大脑的活跃度。而且在回忆的时候，我们可以纠正自己错误的记忆，补全遗漏的记忆，使我们的大脑得到一定的训练，记忆得以巩固。

多听音乐改善记忆力

周末学校放假，小薇回到家里也没有放松，在自己的房间里打开手机、连上音箱，放起舒缓的音乐，开始做各科的试卷。小薇的妈妈听到小薇房间的声音，走过去问道："不好好学习还在玩，你不知道自己高三了吗？这么大的人了怎么一点不知道抓紧！"

小薇连忙辩解道："我在做题啊，没有玩。"

妈妈明显不相信她："你放着音乐，能好好做题吗？我从来没听过一心能二用的。"

小薇拿起手机说道："可是我放的都是舒缓的曲子，对记忆力有帮助。不信你可以上网查一下。"

妈妈将信将疑地拿出手机搜了搜，发现竟然还真有听音乐提高记忆力的方法，便没有再阻止女儿。

相信很多人都有小薇妈妈一样的疑问：不是说一心不能二用吗？听音乐难道真的能够提高人的记忆力吗？日本的田中博士做过相关的研究。

田中博士医治过一位年迈体弱的妇女，这位妇女患有严重的老年痴呆，丧失了记忆能力，不仅记不住日常生活中必备的一些知识，甚至连自己的名字、年龄、家庭住址等都忘记了。很多医生尝试了各种办法，也无法让这个老人记住一点有用的信息。田中博士眼看闲聊的方式无法奏效，便打算用音乐唤起这位老人的记忆。他拿出手风琴，演奏了一首日本经典的老歌，老人竟然跟着手风琴的节奏开口唱了起来。奇怪的是，她竟然记得大部分歌词。田中博士见这种方式起了一定的作用，就继续演奏了两首人人都会唱的经典歌曲，结果老人都跟着唱了出来，慢慢地，她想起了自己的名字、年龄和丈夫的名字、职业等信息。

这个案例表明，音乐对恢复记忆力有一定的帮助，其实音乐的作用不限于此。现在有越来越多年龄很小的孩子上台展示自己的才艺。有的孩子也许记不住知识，却能跟着音乐的节拍一字不差地把歌词唱出来，尽管他们不理解歌词的意义。

这是因为，音乐起到了帮助记忆的作用。音乐是如何帮助我们记忆的呢？科学研究发现，每个人的大脑中都有四种脑电波在运作，其中最适合潜意识活动的脑电波是 α 波，α 波不仅能够加快资料的收集、促进灵感的产生，还是实现高效记忆的关键因素。而巴赫、维瓦尔第等巴洛克时期的音乐以及莫扎特音乐的节拍是每分钟 60 次，这与 α 脑电波是一致的。听这种类型的音乐时，左右脑都会被激活，参与学习和记忆，大脑也处于放松、活跃的状态。这时记忆内容会随着音乐一起被镌刻在潜意识之中，学习和记忆的效率自然会有所提高。

所以平时我们可以多听一些巴赫、维瓦尔第、莫扎特等人的音乐，在听的时候调动多种感官，进行多形式、多曲调的记忆训练，从而激发左右脑活动，增强逻辑思维的能力、想象能力，达到提高记忆力的目的。

保持平和的心态能记得更清楚

学校组织了一场数学竞赛，参赛的同学都在紧张地复习，其中最紧张的应

该是叶舒，因为他中间有一段时间请了假，有点跟不上数学老师讲课的进度。而且他听说，自己缺课期间老师讲了几个至关重要的知识点，直到现在，他还没有把缺失的那几个知识点完全吃透，所以面对这次竞赛，他比班上的其他同学紧张得多。

可是越紧张，叶舒越看不进任何东西，题也做不出来，没几天嘴上就起了好几个泡。推荐他参赛的数学老师看到他这个样子，也知道他是为什么事情担心，但是数学老师非但没有催他，还把他叫出来安慰，让他不要着急，一次的成绩不代表什么。叶舒刚开始还有些听不进去，直到老师问他这两天的复习是不是完全没有效率的时候，他才不得不承认，自己的确太急躁了，但是他又害怕成绩不如其他同学，所以根本不敢懈怠。老师让他在自己的办公室坐着，什么都不要想，听听舒缓的音乐，做做深呼吸。

按照老师教的方法做了几次深呼吸之后，叶舒觉得自己心里那种急躁的感觉舒缓了不少，心境也平和下来。这时数学老师拿出一套练习题让他慢慢做，叶舒就真的静下心做了起来。没想到很快他就做完了整套卷子。老师审过卷子之后对他说："这套题你大部分都做对了，说明你对知识掌握的程度很高，竞赛的难度比这套题高不了多少，所以你不要给自己太大的压力，心平气和地做题就好了，不要把它当作竞赛，而是当成一次练习。"

听了老师的教导，叶舒心里轻松多了，参加竞赛的时候虽然还是有点紧张，但他很快调节了自己的情绪，之前所记住的定理、公式等都在需要的时候适时出现在脑海之中，他很轻松地取得了竞赛第一名的好成绩。

参加过高考的人都有过这种经历，平时对我们十分严厉的老师到了考试的关头倒开始和颜悦色地安慰我们，让我们尽量放松、心平气和地去参加考试。这其实是很有道理的，越着急的时候，记忆力和学习能力越差，反倒是心态平和能够使我们发挥出最高的水平。所以，平和的心态对我们学习和记忆有很大的帮助。

当我们因为记不住而心生烦恼的时候，不妨暂时将自己的注意力转移开，换换心情，也让大脑适当休息。等心态得到放松、心情平静下来之后，再重新开始记忆。这时我们更容易集中注意力，记忆的效率也就更高了。

把记忆和愉快的经历联系起来

张颖周末参加了高中同学的聚会，看到了很多熟悉的面孔。虽然已经毕业很多年了，但时光仿佛不曾淡化同学之间的感情，相熟的同学之间还是非常热络。她记得自己在高中的时候，有一段时间个性比较孤僻，但是和这些同学们相处了一段时间之后，彼此之间的隔阂越来越小，关系也越来越密切。

虽然在高中也有过很多不愉快的经历，但是回忆的时候，留在脑海中的竟然都是愉悦的画面。她记得自己曾经和梳着高马尾的张燕一起逃课去网吧看电影，恰巧坐到了自己暗恋着的男生旁边，那个男生给自己买了一堆零食；记得和刘雨、孙彤一起去校外吃饭，刘雨把店里的空调当作冰箱，半天没打开，跟店老板抱怨冰箱有故障，她和孙彤被刘雨蠢兮兮的样子逗得"哈哈"大笑；记得和雯雯一起半夜跑去溜冰场溜冰的细节……而她和同学之间的那些龃龉仿佛从未发生过一样，无法在大脑中搜寻出一星半点的记忆。

仔细回味以往的人生经历，我们会发现，脑海中快乐的记忆很多。这是因为快乐的情绪给我们的大脑带来了强烈的刺激，所以在我们的脑海中留下了深刻的印象。这就给了我们一个启发——把记忆和愉快的经历联系起来。

这种做法就像是苦涩的药丸包上一层糖衣，这样我们品尝糖衣的时候也能把药给吃下去。同理，当我们把需要记忆的事物和愉快的事情联系起来时，快乐的情绪会给我们的大脑以强烈的刺激，枯燥无趣的内容会和愉快的经历一起被我们的大脑铭记，我们的记忆力也就得以增强。

如在记忆单词“popcorn（爆米花）、persimmon（柿子）、crocodile（鳄鱼）”时，我们可以把这些单词分别联系到愉快的事物上，如“popcorn（爆米花）”可以和电影院冒着温暖香气、色泽诱人的爆米花联系在一起，也可以联系到民间炸爆米花的场景，这样就有趣很多；“persimmon（柿子）”可以和吃又大又甜的柿子的经历联系在一起；等等。和有趣的经历联系在一起，单调乏味的记忆内容也能取得良好的记忆效果。

改错也是记忆的契机

刘程所在的学校进行了文理科分班，原来的数学老师被分到了其他班，接手他们班数学课的是担任教导主任的孙老师，孙老师管理严格是出了名的。刘程之前虽然没在教导主任那里接受过教育，但是听过很多其他班的同学对教导主任的评价，说是教导主任教学很有一套。

尽管同学们都肯定孙老师的教学能力，但刘程还是担心自己突然换个老师会有点不习惯，怕学习进度被落下来。刚上课，孙老师就要求每名学生都要准备一个笔记本，专门用来记那些做错的题，并且下面要附上正确的答案，每天都要抽出时间看看自己做错的这些题。

刘程虽然按照孙老师的要求准备了，但是他觉得这个错题笔记本既浪费时间，又起不到很大的作用，认为孙老师的教育方法也没有同学们说的那样好。

不过老师都这样吩咐了，他再不情愿也要照办。

如此过了几个月之后，刘程发现自己在错题本上记下的做错的题越来越多，从原先的几道题变成了一个错题集。他看了几次错题集之后发现，有的题做错一次之后就再也没有做错过，而有的题型明明是一样的，自己竟然一错再错，尤其在三角函数这方面，做错的题最多，说明自己对三角函数的知识点掌握得还不是很牢固。

看了几次错题集，做了几次总结之后，刘程总算明白了孙老师的良苦用心和教育方法的高超之处。用错题集的方式不仅能够让自己发现和纠正曾经犯下的错误，还能够对记错的知识点进行重点记忆、重复记忆，而且在找出自己的薄弱环节这方面，错题集也提供了强有力的帮助。

发明大王爱迪生说过："失败也是我所需要的，它和成功一样对我有价值。"错误的经历能够给我们深刻的教训，给我们的大脑留下深刻的印象，我们可能不记得自己成功地做出过多少道题目，但一次失败的经历却很容易在脑海中留下深刻的印象。

错误的答案并不值得记忆，值得记忆的是改错的过程和正确的答案。如果犯了错却一笑了之，那么我们的大脑中不会留下关于这个错误的任何痕迹。只有在做错之后，认真地进行思考和分析，找出导致我们判断失误的原因，并且建立对正确答案的记忆，力求之后不再犯类似的错误，巩固对正确答案的记忆，才能牢固地掌握知识，并在改错的过程中加强记忆。

生活中，我们每个人都会犯错误，大部分人犯了错误会很快改正，但是只有一部分人懂得从错误中总结经验和汲取教训，在改正错误的过程中让自己得到提高，而这部分人比其他人更容易取得成功。愿我们都能在曾经犯下的错误中总结经验教训，加以记忆，成为拥有高效记忆的、更容易取得成功的人。

图书在版编目（CIP）数据

提高记忆的100种方法：超有效的记忆增强术 / 王小军著 .—2版 .—北京：中国法制出版社，2020.10

ISBN 978-7-5216-1284-4

Ⅰ.①提… Ⅱ.①王… Ⅲ.①记忆术 Ⅳ.① B842.3

中国版本图书馆CIP数据核字（2020）第177436号

策划编辑：陈晓冉（chenxiaoran 2003@126.com）

责任编辑：陈晓冉 冯 运（654093944@qq.com） 封面设计：李 宁

提高记忆的100种方法：超有效的记忆增强术

TIGAO JIYI DE 100 ZHONG FANGFA: CHAOYOUXIAO DE JIYI ZENGQIANGSHU

著者 / 王小军

经销 / 新华书店

印刷 / 三河市紫恒印装有限公司

开本 / 710毫米 ×1000毫米 16开 印张 / 13.25 字数 / 159千

版次 / 2020年10月第2版 2020年10月第1次印刷

中国法制出版社出版

书号 ISBN 978-7-5216-1284-4 定价：42.80元

北京西单横二条2号 邮政编码100031 传真：010-66031119

网址：http://www.zgfzs.com **编辑部电话：010-66034985**

市场营销部电话：010-66033393 **邮购部电话：010-66033288**

（如有印装质量问题，请与本社印务部联系调换。电话：010-66032926）